AKADEMIE DER WISSENSCHAFTEN DER DDR

Veröffentlichungen des Forschungsbereichs Geo- und Kosmoswissenschaften

Herausgegeben von H.-J. Treder

HEFT 7

Sternzeiten

(zur 275jährigen Geschichte der Berliner Sternwarte, der heutigen Sternwarte Babelsberg)

Band II

(unter Redaktion von G. Jackisch)

mit 13 Abbildungen

AKADEMIE-VERLAG · BERLIN

1977

Erschienen im Akademie-Verlag, 108 Berlin, Leipziger Straße 3—4

Lizenznummer: 202 · 100/461/76
Gesamtherstellung: VEB Druckhaus „Maxim Gorki", 74 Altenburg
Bestellnummer: 762321 3 (2156/7) · LSV 1495
Printed in GDR
EVP 14,—

INHALT

CARL FRIEDRICH GAUSS UND ALEXANDER VON HUMBOLDT IN IHREN BEZIEHUNGEN ZUR BERLINER STERNWARTE

KURT-R. BIERMANN

Wenn ich dem ehrenvollen Vorschlag von Herrn Prof. TREDER nachkomme, hier über GAUSS' und HUMBOLDTS Beziehungen zur Berliner Sternwarte zu berichten, so kann ich diesem Auftrag nur unvollkommen entsprechen.

Die Beziehungen von GAUSS zur Sternwarte in Berlin beschränken sich praktisch auf seine Beziehungen zu den beiden Direktoren BODE und ENCKE. Die Briefe von GAUSS an BODE sind verschollen, während die Antwortbriefe im GAUSS-Nachlaß in Göttingen liegen und mir nicht zur Verfügung standen. Was ENCKE anbelangt, so sind sowohl GAUSS' Schreiben als auch die Briefe ENCKES erhalten geblieben, aber beide Bestände befinden sich gleichfalls im GAUSS-Archiv der SUB Göttingen. Es handelt sich um mehr als 70 Briefe von GAUSS und um über 140 Gegenbriefe VON ENCKE. Wenn ich von Familienbriefen und von solchen wissenschaftlichen Korrespondenzen absehe, in denen nur die Briefe an GAUSS erhalten geblieben sind, z. B. von LINDENAU oder eben BODE, so ist der Briefwechsel mit ENCKE der einzige umfangreichere, der noch nicht ediert ist. Nun ist diese Sachlage der Behandlung des gestellten Themas nicht ganz so abträglich, wie es auf den ersten Blick scheint. Was nämlich HUMBOLDT für die Berliner Sternwarte, insbesondere für ihren Neubau, getan hat, und worüber wir recht gut unterrichtet sind, ist nicht ohne Einholung des Rates von GAUSS geschehen. Insofern können wir sagen, daß eine Reihe der HUMBOLDTschen Aktivitäten durch GAUSS beeinflußt worden ist.

Um mir nicht den Vorwurf des „Autoplagiats" zuzuziehen, möchte ich noch die zweite Vorbemerkung anschließen, daß ich meine Veröffentlichung über HUMBOLDTS Beziehungen zur Astronomie in Berlin mit benutze, der ein Vortrag zum 200. Geburtstag HUMBOLDTS, gehalten in der Archenhold-Sternwarte, zugrunde lag.

Als HUMBOLDT im September 1826 von Paris, wo er seit Ende 1807 seinen festen Wohnsitz gehabt hatte, nach Berlin reiste, um seine im Frühjahr 1827 erfolgende endgültige Rückkehr in die Heimat vorzubereiten, besuchte er GAUSS in Göttingen und konsultierte ihn. Das veranlaßte GAUSS, am 14. 1. 1827 an OLBERS zu schreiben:

„Eine große Freude habe ich vor mehreren Monaten gehabt, Humboldt hier persönlich kennenzulernen, und doppelt angenehm ist es mir nun, daß er künftig seinen bleibenden Aufenthalt in Berlin nehmen wird."

Wenig später ergänzte er (1. 3. 1827):

„Ich bin überzeugt, daß Humboldt's Rückkehr nach Berlin dem Gedeihen der exakten Wissenschaften in Deutschland die größten Vorteile bringen wird. Auf das Lebhafteste interessiert er sich dafür, daß jedes ausgezeichnete Talent aufgemuntert werde."

Humboldt seinerseits beteuerte Gauss gegenüber am 16. 2. 1827 noch einmal schriftlich:

„Die Idee, in Ihrer Nähe, in der Nähe derer zu leben, die meine Bewunderung für Ihr großes, vielseitiges Talent lebhaft teilen, ist ein wichtiger Beweggrund meines Entschlusses [zur Rückkehr nach Berlin] gewesen. An gutem Willen, nützlich zu sein, soll es mir nicht fehlen und ich rechne stets auf Ihren Rat, auf ‚den Rat des großen Meisters in der Kunst'."

Es unterliegt daher für mich keinem Zweifel, daß nicht nur die Pariser Erfahrungen, wo er engen Umgang mit den dortigen führenden Naturforschern gehabt hatte, auf Humboldts wissenschaftsorganisatorisches Programm, das er für sein Wirken in Berlin aufgestellt hat, Einfluß ausgeübt haben, sondern es wesentlich auch durch die Gespräche mit Gauss bestimmt worden ist. Für die Astronomie war in diesem Programm vorgesehen, ich zitiere: „Berlin doit avoir avec le temps le premier Observatoire." (Berlin soll mit der Zeit die erste Sternwarte erhalten.)

Es bietet sich also für die Behandlung des Themas eine Periodisierung an, nämlich a) die Zeit bis zur Rückkehr Humboldts nach Berlin und b) die Zeit danach. Eine solche Zäsur liegt umso näher, als die Sternwarte in Berlin kurz vor Humboldts Eintreffen einen neuen Direktor, Encke, bekommen hatte, der den pensionierten Bode ablöste.

Das Berliner Astronomische Jahrbuch war für Gauss eine von ihm geschätzte Publikationsmöglichkeit. Daraus resultieren seine Beziehungen zu Bode als dem Herausgeber. Mehrfach hat er in Briefen betont, daß er vollständigen Bericht über seine astronomischen Forschungen in Zachs Monatlicher Correspondenz erstattet habe, daß er aber das „Vornehmste", sprich die wichtigsten Ergebnisse, auch in Bodes Jahrbüchern publiziert habe, die „viel Gutes enthalten." Zwischen dem 10. Sept. 1802 und dem 10. Juli 1826 hat Gauss für die Berliner Jahrbücher 33 Beiträge geliefert, meist dem Zeitbrauch entsprechend in Briefform gekleidet. Kaum ein Jahrbuch erschien in der genannten Zeit ohne eine Mitteilung von Gauss. Sie beinhalten vor allem Beobachtungen und Elemente von Ceres, Pallas, Juno, Vesta und verschiedenen Kometen, aber auch andere Beobachtungen, wie z. B. die von Sternbedeckungen, sie betreffen u. a. veränderliche Sterne, Höhenmessungen mit dem Barometer, Gauss' Heliotrop, den Repsoldschen Meridiankreis, Vermessungsfragen. Kurze Zeit (1823/26) hat Gauss sowohl in den neuen Astronomischen Nachrichten seines Freundes Schumacher in Altona als auch im Berliner Jahrbuch publiziert. Nach Bodes Tod Ende 1826 erfolgte eine Aufgabenteilung zwischen dem nunmehrigen Herausgeber des Jahrbuchs Encke und Schumacher, derzufolge Encke den Abhandlungsteil des Jahrbuchs einschränkte. Wenn nun Gauss, dessen sogenannte astronomische Schaffensperiode ja bereits beendet war, noch einschlägige Miszellen veröffentlichen wollte, bediente er sich von da an der Astronomischen Nachrichten.

Nun befinden sich in Göttingen 60 Briefe Bodes an Gauss. Das legt die Vermutung nahe, daß ihr Briefwechsel nicht ausschließlich aus Manuskripten für den Druck bzw. Empfangsbestätigungen bestanden hat. Diese Vermutung erhält dadurch eine Stütze, daß, wie wir wissen, Gauss Anfang 1816 Bode gebeten hat, Gerling die vakante Astronomieprofessur in Greifswald zu verschaffen, und daß Bode dieserhalb, freilich ohne Erfolg, im Kultusministerium vorstellig geworden ist. Daß aber Gauss einen Einfluß auf Bodes Tätigkeit als Sternwartendirektor ausgeübt hat, ist schon angesichts des Altersunterschieds zwischen dem Neffen Christine Kirchs und Gauss von 30 Jahren kaum anzunehmen. Aber wir können mit gutem Grund sagen, daß Gauss den Direktor der Berliner Sternwarte geschätzt hat und daß angesichts der Zeitschriftensituation fast ein Vierteljahrhundert die Berliner Jahrbücher eine höchst willkommene Publikationsmöglichkeit für ihn gewesen sind.

Humboldts Beziehungen zu Bode gehen auf das Jahr 1795 zurück, als er Oberbergmeister in Franken war. Auch später hat er gelegentlich Bode Mitteilung von seinen Beobachtungen gegeben, so etwa im Februar 1798 während seines Aufenthalts in Salzburg, wo er mit Vorbereitungen auf die geplante Forschungsreise befaßt war. Auch diese Nachricht über seine Bestimmung der Salzburger Polhöhe nahm Bode in sein Jahrbuch auf. Humboldt hat Bode im „Kosmos" mehrfach lobend erwähnt. Er nannte ihn „verdienstvoll" und seine in 10 Auflagen verbreitete „Anleitung zur Kenntnis des gestirnten Himmels" „populär und überaus nützlich". Bode gehört zu den Popularisatoren, deren Vorbild auf Humboldts Bestrebungen zur allgemeinverständlichen Darstellung naturwissenschaftlicher Sachverhalte Einfluß ausgeübt hat. Briefwechsel zwischen Bode und Humboldt ist nicht erhalten geblieben.

Mehr kann man über die Beziehungen von Humboldt und Gauss aus der Bodeschen Ära unter Berücksichtigung der geschilderten Quellenlage kaum sagen.

Anders ist es für die Zeit nach 1825. In diesem Jahr übernahm Encke, nachdem Bessel einen Ruf nach Berlin abgelehnt hatte, die Leitung der Berliner Sternwarte, wie ich schon erwähnte.

Man hat verschiedentlich beklagt, daß Gauss keine Schule gebildet habe. Abgesehen davon, daß für alle bedeutenden Mathematiker nach Gauss das gilt, was die Geodäten für sich in Anspruch nehmen, wenn einer ihrer Vertreter um die Jahrhundertwende verkündete: „Jeder Feldmesser ist mit einem Tropfen Gaussischen Öles gesalbt", abgesehen hiervon also sind eine ganze Reihe tüchtiger Astronomen Gauss' Schüler gewesen; ich nenne nur die Sternwartendirektoren Nicolai in Mannheim, Möbius in Leipzig, Posselt in Jena, Winnecke in Straßburg, Schumacher in Altona, Titel in Ofen, Klinkerfues in Göttingen, Gould in Albany und eben Encke in Berlin, der von 1811 bis 1813, 1814/15 und 1816 bei Gauss gehört und gearbeitet hatte. Vielleicht sollte ich auch Gerling in Marburg und Steinheil in München nennen, wenngleich deren Zuordnung zur Astronomie sicher nicht eindeutig geschehen kann bzw. Steinheil eigentlich Bessel-Schüler war. Ich glaube also, mit gewissen Einschränkungen sagen zu können, daß Gauss auf dem Gebiet der Astronomie sehr wohl eine Schule gebildet hat. Alle, die seine Schüler gewesen waren, waren auch tüchtige Rechner und nicht frei von mathematischen Ambitionen. Sie wußten, was Strenge und Genauigkeit heißt, sie hatten gelernt, umfangreiche astronomische Rechenarbeiten durchzuführen, und sie wußten, daß Beobachten nicht genügt, um Fortschritte in der Astronomie zu erzielen. „Die tieferen und feineren Untersuchungen besonders der physischen Astronomie sind nur denen zugänglich, die in das Heiligtum der Analyse eingedrungen sind", hieß es schon in der Antrittsvorlesung von Gauss von 1808.

In mancher Hinsicht ist Encke ein typischer Schüler von Gauss. Sein Ruf basierte auf seinen Untersuchungen über den kurzperiodischen Kometen, der später seinen Namen erhielt, und er galt als ein Meister in der Anwendung astronomischer Rechenkunst und ihrer Anpassung an die Bedürfnisse der Praxis. Einen „ebenso geschickten als sorgfältigen Rechner" hat ihn Gauss genannt. Untypisch ist, daß er nie den Abstand zwischen Lehrer und Schüler zu verkleinern wußte, wie es anderen gelang, etwa Gerling, der trotz des wissenschaftlichen Abstandes zu Gauss seine Beziehungen zu ihm zu solchen gleichberechtigter Freundschaft entwickelte. Als Gerling, Enckes Jugendfreund und ehemaliger Kommilitone in Göttingen, in seinen Briefen Gauss längst als „hochverehrten Freund" titulierte, beharrte der nahezu gleichaltrige Encke immer noch auf seiner stereotypen Anrede „hochgeehrtester Herr Geheimer Hofrat" und unterzeichnete als „gehorsamster Diener"; eine Äußerlichkeit zwar, aber dennoch bezeichnend. Encke blieb Zeit seines Lebens Gauss gegenüber von scheuer Ehrfurcht befangen. „Ich fühle zu sehr", bekannte er am 6. 4. 1834 nach einem Besuch in Göttingen, „wie verschieden der Kreis von Ideen ist, in welchem Sie sich mit aller möglichen Freiheit und Sicherheit bewegen, von den engen Schranken, die mir von der Natur gezogen sind." Gauss' Autorität auf allen Gebieten wurde niemals von ihm in Frage gestellt.

Seine Korrespondenz mit Gauss ist nie abgerissen; ich sagte bereits, daß sie noch der Edition harrt. Was an verschiedenen Stellen, vornehmlich in Gauss' Werkausgabe und in Enckes Biographie von Bruhns, aus diesem Briefwechsel im Auszug publiziert worden ist, läßt die Annahme zu, daß für die Gauss-Biographie aus diesen Briefen nicht viel neues zu erfahren sein wird. Das ist sicherlich durch die genannte, nie überwundene Distanz im Lehrer-Schüler-Verhältnis zu erklären. Encke war nicht der Mann, dem gegenüber sich Gauss aussprach. Aber in wissenschaftshistorischer Hinsicht dürfte sich die Edition ohne Zweifel lohnen. Was ich an Auszügen aus den Briefen von Encke an Gauss zu Gesicht bekommen habe bei verschiedenen Anlässen, besonders bei meinen Forschungen über Dirichlet, Eisenstein und Dase, veranlaßt mich zu dem Schluß, daß sie viele Details über die Astronomie und die Astronomen in Berlin in den drei Jahrzehnten zwischen 1825 und 1855 enthalten und für eine Geschichtsschreibung der Sternwarte in dieser Zeit ganz unentbehrlich sein dürften. Encke war für Gauss eine Art „Beobachter an der Spree". Es läßt den weiteren Schluß zu, daß Encke Gauss über seine und seiner Mitarbeiter Arbeit berichtet, oft Rat bei Gauss gesucht und die bereitwillig erteilte Belehrung beachtet hat. Mehrfach suchte Encke Gauss in Göttingen auf, um sich mündliche Anleitung zu holen. Man kann daher durchaus davon sprechen, daß Gauss via Encke Einfluß auf die Berliner Sternwarte ausgeübt hat, insbesondere auch, wenn man die große Zahl der Gelehrten und Schüler von Encke berücksichtigt, von denen sich etwa 30 in der Astronomie einen Namen gemacht haben. In Enckes bekannte, wegen ihrer rezeptartigen und daher leicht anwendbaren Vorschriften viel benutzte, deshalb auch in „Ostwalds Klassiker" aufgenommene Abhandlung von 1851 „Über die Bestimmung einer elliptischen Bahn aus drei vollständigen Beobachtungen" sind auch briefliche Erläuterungen von Gauss eingeflossen. Gauss seinerseits ließ sich gern von Encke über Berliner Verhältnisse und Personen, über Enckes Tätigkeiten und die seiner Assistenten unterrichten. Und Encke hat manche Äußerungen von Gauss mit dessen Zustimmung benutzt, um seinen Verhandlungen größere Durchschlagskraft zu verleihen. Wenn er dann seinem früheren Lehrer berichtete, was er und wie er es getan hatte, fügte er wohl hinzu:

> „Möchte dieser Gang Ihren Beifall erhalten oder wenigstens Sie überzeugen, daß ich so gehandelt, wie ich es am besten und Ihren Ansichten am angemessensten hielt. Sollten sich noch Schwierigkeiten finden, die durch Ihr Fürwort behoben werden könnten, was ich indessen kaum fürchte, so nehme ich mir vielleicht die Freiheit, Sie noch um einige ostensible Zeilen zu ersuchen."

Zu diesem Encke also ging Humboldt, als er 1826, von Gauss kommend, in Berlin, zunächst zu kurzem Besuch, nach 18jähriger Abwesenheit eintraf. Das Gespräch kam sogleich auf die Notwendigkeit, die ganz unzureichenden Einrichtungen und Räumlichkeiten der alten akademischen Sternwarte durch einen zweckmäßigen Neubau mit modernsten Instrumenten zu ersetzen. Nach HUMBOLDTS vorübergehender Rückkehr in die französische Hauptstadt hat ENCKE seine Gedanken noch einmal schriftlich für HUMBOLDT präzisiert. Dieser antwortete darauf am 27. 3. 1827, drei Wochen bevor er seinen Wohnsitz endgültig nach Berlin verlegte:

„Über den Bau der Sternwarte, die Sie so sehnlichst als ich wünschen, ist zwischen Ihnen und mir kein Mißverständnis möglich.“

Und er fügte hinzu, er hoffe, „wir werden uns immer nahe bleiben.“ Nun, daraus wurde nichts. Schon bald schrieb ENCKE an BESSEL:

„Ich kann nicht sagen, daß ich mich von ihm [HUMBOLDT] angezogen fühlte, so hoch ich ihn auch in jeder Hinsicht setze.“

Man kann sich allerdings kaum verschiedenere Temperamente und unterschiedlichere Standpunkte vorstellen, als die HUMBOLDTS und ENCKES. Hier der Vielgereiste und Weltgewandte, Freund aller Unterdrückten und Verfolgten, Anhänger der Ideen von 1789, beweglich und agil, zum heiteren Mokieren geneigt, Polyhistor mit weitem Horizont, Förderer aller Volksbildungsbestrebungen, kompromißbereit, wenn erforderlich, Diplomat und Taktiker, auf dem Rednerpult ebenso zu Hause wie in der Studierstube, in der freien Natur, bei Hofe, in Salons oder auf einer Wahlversammlung. Und nun auf der anderen Seite der stockkonservative ENCKE, übrigens fast 40 Jahre hindurch Klassen-Sekretar in der Akademie, von starrer Konsequenz, nüchtern und trocken, auch auf dem Katheder ein Rechner, pflichtbewußt und fleißig, aber ohne Originalität, ohne Sinn für Witz, wenig kontaktfreudig, bescheiden und zugleich empfindlich, reizbar und argwöhnisch. „Eisig“ hat ihn HUMBOLDT genannt, sich immer mehr isolierend, lieblos, „gletscherartig erkaltet“. ENCKE wiederum kritisierte HUMBOLDT, weil dieser ihn in geräuschvolles Treiben, das ihm zuwider sei, hineinzöge. HUMBOLDT sammle im Gespräch Notizen, die er dann bei anderen Gelegenheiten für pikante Gespräche in den Salons verwende; die ganze HUMBOLDTsche Art sei ihm unsympathisch.

„Hier, wo namentlich auch Humboldt die jungen Leute immer an sich zieht und zu einer Betrachtung der Wissenschaft anregt, die mehr auf das Sammeln von Tatsachen ausgeht, als auf die langsame Prüfung der gefundenen, haben sie [ernsthafte junge Astronomen] und ich mit ihnen einen schweren Stand“,

beklagte er sich beispielsweise bei GAUSS, indem er hinzusetzte: „Wenn indessen z. B die eigentliche Astronomie als auf das beschränkt angesehen wird, was im ‚Kosmos‘ vorgetragen wird, so habe ich wenigstens keine Lust, mich mit so vielen vagen Vermutungen zu beschäftigen.“ Und dennoch führt ENCKE die lange Reihe der HUMBOLDTschen Korrespondenten an. Über 350 Briefe hat HUMBOLDT dem ungeliebten Briefpartner geschrieben, dessen Auskünfte ihm unentbehrlich waren, und ENCKE andererseits war auf diesen Antipoden angewiesen, der ihm durch seine ausgedehnten Beziehungen ebenso behilflich wie hinderlich sein konnte. Daher behandelten sie sich in ihren Briefen und Schriften mit ausgesuchter Höflichkeit. Brieflich urteilte ENCKE beispielsweise über den „Kosmos“ seinem Autor gegenüber, bei einem so „großartigen Plane“, wie er in diesem Werk verwirklicht werde, sei es

„ von so untergeordneter Erheblichkeit, ob hin und wieder ein anderer eine kleine Veränderung in einem einzelnen Datum vorziehen möchte, daß ich fast glaube, eine zu kritisierende eigene

Untersuchung (denn von meiner Kritik kann hier gar nicht die Rede sein) könnte dem frischen Lebensbilde des Ganzen einen Eintrag tun, der unersetzlich wäre."

Und Humboldt revanchierte sich dadurch, daß er im „Kosmos" Encke als einem „vieljährigen Freund und verdienstvollen Direktor" der Berliner Sternwarte ein Denkmal setzte. Ihren Vertrauten gegenüber freilich ließen Humboldt und Encke ihrem Groll freien Lauf und äußerten sich höchst abfällig übereinander, wie ich schon sagte. Da dies aber nicht an die Öffentlichkeit kam, entstand der Eindruck, als stellte Humboldt Encke mit Bessel auf eine Stufe. Jacobi, mit dem sich Encke ebenso wie mit Hansen in Gotha entzweit hatte, warf das Humboldt brieflich in der ihm eigenen überspitzt ironischen Form als „ein Verbrechen" vor und schrieb ihm in diesem Zusammenhang:

„Bessel ist die Straße zum Höchsten der Wissenschaft, aber Encke bleibt ruhig am alten Platz. Die guten, braven, herrlichen Männer Encke, Struve, Argelander, denen die Astronomie so vieles verdankt, die so vieles fleißig ausgeführt haben, haben nicht nur nicht den Mut, auch die kleinste trigonometrische Umformung einer Formel, nach der sie rechnen wollen, selbst zu wagen, sondern sie haben auch nicht den Mut, eine von einem anderen umgeformte Formel anzuwenden, wenn ihnen nicht erst Gauss oder Bessel oder Hansen ein Zahlenbeispiel umständlich danach vorgerechnet haben."

Humboldt verteidigte sich sehr beredt gegen die, wie er sie nannte, „launigen" Vorwürfe Jacobis, er wisse sehr gut um den Rangunterschied zwischen einem Praktiker wie Encke und einem geistreichen Theoretiker wie Bessel; von seiner Abneigung gegen Encke sagte er nichts, denn Jacobi gehörte nicht zu den Personen, denen gegenüber er sich frei äußerte.

Für uns heute aber ist nicht die wechselseitige Antipathie zwischen Humboldt und Encke entscheidend, sondern allein das Ergebnis ihrer Zusammenarbeit, und zu der waren sie nun einmal nach Lage der Dinge verurteilt.

Da ist in erster Linie der Bau der neuen Sternwarte zu nennen. Humboldt bereitete den Boden dafür durch seine berühmt gewordenen „Kosmos"-Vorlesungen im Winter 1827/28 vor. Das gewaltige Echo, das sie in allen Klassen und Schichten fanden, wurde von Humboldt geschickt ausgenutzt. Am 9. Oktober 1828 beantragte er den Ankauf des großen Fraunhoferschen Refraktors in München, die Bestellung eines Meridiankreises bei Pistor in Berlin und die eines Chronometers bei dem Berliner Uhrmacher Tiede. Er stellte weiter den Antrag, Unterlagen über den zweckmäßigsten Bau von Sternwarten auf Grund der Erfahrungen auswärtiger Observatorien zu sammeln und vorlegen zu lassen. Als Bessel, Encke wissenschaftlich weit überlegen und sein Freund, bis sie durch Enckes Empfindlichkeit zu erbitterten Feinden wurden, von dem beabsichtigten Ankauf des Fernrohres hörte, schrieb er ihm in ganz richtiger Erkenntnis der Sachlage: „Wird dieses Instrument erworben, so ist damit zugleich eine Sternwarte in Berlin gewonnen." Genau so kam es; mit der Bewilligung der Mittel für das letzte noch in München vorhandene große Fernrohr Fraunhofers, für den Meridiankreis und das Chronometer wurde Humboldt am 15. Oktober beauftragt, Unterlagen über den Sternwartenbau zu sammeln und dem Kultusministerium vorzulegen. Am 7. April 1829, fünf Tage vor dem Aufbruch zu seiner russisch-sibirischen Reise, erhielt Humboldt dann die Weisung, ein neues Sternwartengebäude durch Schinkel projektieren zu lassen und die Pläne mit dem Vorschlag für den gewünschten Standort einzureichen.

Vor der Abreise kam Humboldt natürlich nicht mehr dazu, diesen Auftrag auszuführen. Aber schon am 1. Mai 1830, nachdem die ersten vordringlichsten Arbeiten zur Auswertung der genannten Reise bewältigt waren, schrieb Humboldt an Karl Friedrich Schinkel, den bedeutendsten Baumeister des Klassizismus in Deutschland, und machte ihn mit dem Projekt bekannt: „Die Jahreszeit gestattet jetzt eine [...] Auswahl des Lokals in der nächsten Umgebung von Berlin, wie auch die Untersuchung des Bodens. Ich richte daher an Euer Hochwohlgeboren die gehorsamste Bitte, sich [...] baldmöglichst mit den eben genannten Gegenständen und mit Entwerfung eines Planes zu der neuen Berliner Sternwarte zu beschäftigen.“ Humboldt bat Schinkel auch, sich mit Encke über die Bedürfnisse der Sternwarte abzusprechen, die Erfahrungen der bedeutendsten fremden Sternwarten zu berücksichtigen und den Kostenanschlag so einzurichten, daß der Refraktor unter einer vorläufigen Überdachung aufgestellt werden könne. Encke seinerseits ließ sich von Bessel beraten.

1832 wurde der Neubau in der Lindenstraße, gegenüber dem Kammergericht, begonnen, der Aufbau zog sich bis Ende 1835 hin. Bis es soweit war, mußte Humboldt noch mehrfach seine helfende Hand zur Überwindung mannigfacher Störungen und Hindernisse leihen. Humboldt war immer zur Hilfe bereit, mochte es sich nun um Fragen der Finanzierung, um die Verhinderung von Bauten, die den Sternwartenbetrieb hätten stören können, um die drohende Zweckentfremdung einzelner Räume, mochte es sich um die Beschaffung von Meßinstrumenten oder um die Beschleunigung der Bauausführung handeln. Wir ersehen aus seinen Briefen an Encke, daß er nie seine Unterstützung versagte. Er regte auch an, interessierten Laien ein- bis zweimal wöchentlich „geeignete Himmelsobjekte in dem großen Fernrohr zu zeigen“, und Herr Wattenberg hat mit vollem Recht unterstrichen, daß wir dergestalt in Humboldt einen Urheber der Idee von Volkssternwarten zu erblicken haben. Die Anregung dürfte er dazu durch die populären Vorträge seines Freundes Arago auf der Pariser Sternwarte erhalten haben, denen er selbst noch 1845 beiwohnte. Mindestens ebenso wahrscheinlich ist, daß die in Rede stehende Anregung ihm nicht durch seinen Freund Gauss vermittelt worden ist.

Es ist Humboldt nicht zu verübeln, daß er später für seine ungezählten Dienstleistungen ebenso zahllose Gegendienste in Anspruch genommen hat. Diese waren der verschiedensten Art, zum Teil uneigennützig, zum Teil dienten sie der Verwirklichung seiner wissenschaftlich-literarischen Pläne.

Zunächst zur ersten Kategorie. Humboldt war ein Mann mit ausgesprochenem Sinn für Öffentlichkeitsarbeit und Werbung. „Läuten gehört zum literarischen Handwerk“, war beispielsweise eine seiner Maximen. Er wußte sehr gut, daß er die Fürsten nicht zu Wissenschaftlern machen konnte, aber die Sternwarte bot ihm die Möglichkeit, die Fürsten zur Wissenschaft zu bringen, ihnen wenigstens einen schwachen Eindruck der Aufgaben der Naturforschung zu vermitteln und sie damit zur leichteren Bewilligung von Geldern für die Gelehrten und ihre Forschungen zu bewegen. So ließ er denn keine Gelegenheit vorübergehen, ohne „Königen und Ministern die Größe der Wissenschaft einzureden, den möglichsten Spektakel zu machen.“ Ein solcher Spektakel war etwa die Beobachtung einer Finsternis. Hier mußte dann Encke herhalten, „Ich bringe hin und verschwinde“, schrieb Humboldt gelegentlich an ihn und deutete damit an, daß die Betreuung der Gäste Sache des Direktors sei. Er wußte, daß Encke, dessen Stärke die intensive rechnerische Arbeit war, durch den Besuch Schaulustiger gestört wurde, und daß Enckes Hemmungen ihm den ungezwungenen Umgang mit Fürsten, die er lieber aus der Ferne bewunderte, zur Qual machten. Aber hier kannte Humboldt keine Rücksichten; für ihn waren die Belästigungen ein Opfer, das die Astronomen im Dienste der Wissenschaft insgesamt zu bringen hatten. Andererseits hatte die Sternwarte aber Humboldt auch den Besuch durch wichtige Gelehrte zu verdanken, die, auf der Durchreise begriffen oder sich zu vorübergehendem Aufenthalt in Berlin eingestellt hatten, mit Humboldts Empfehlung zur Sternwarte kamen, um, wie er sagte, „großartige Eindrücke" mit nach Hause zu nehmen. Nicht immer hatte Humboldt mit solchen Wünschen Erfolg. Der schon genannte Amerikaner Gould beispielsweise erhielt von Encke zwar die Erlaubnis, auf der Sternwarte zu arbeiten, aber die Bitte Humboldts, Encke möge ihn förmlich unterrichten, wurde von letzterem rundheraus abgeschlagen. Humboldt wählte den Ausweg, ihn am 23. 3. 1847 an Gauss in Göttingen weiterzuempfehlen, wo Gould dann auch promoviert hat. Angesichts der ihm bekannten ständigen brieflichen Kontakte zwischen Gauss und Encke hat er es natürlich vermieden, in seinem Brief irgendeine Beschwerde anzubringen. Wenn auch in den Augen Enckes die Zuführung von Gästen durch Humboldt alles andere als ein Dienst gewesen ist, den Humboldt der Sternwarte geleistet hat, so betrachten wir das anders, denn sie partizipierte ja an dem erreichten größeren Verständnis für ihre Anliegen und ihr Ruf festigte sich durch den Besuch ausländischer Gelehrter.

Zu den uneigennützigen Diensten, die Humboldt der Sternwarte geleistet hat, haben wir auch die Informationsvermittlung zu rechnen. In der großzügigsten Weise machte Humboldt die Mitarbeiter mit neuen Ergebnissen bekannt, die ihm durch seine so überaus weitreichende Korrespondenz bekannt wurden. Er wies sie auf neue Literatur hin, schenkte oder lieh ihnen Neuerscheinungen. Eigene Beobachtungen oder solche, die ihm zugesandt wurden, stellte er sogleich zur Verfügung. Sein goldenes Kesselsches Chronometer borgte er der Sternwarte. Als Galle, Enckes Assistent, eine Abhandlung über Höfe und Nebensonnen vorbereitete, überließ ihm Humboldt einen ganzen Kasten mit bibliographischen Daten und Auszügen aus der Halo-Literatur. Eine Rechenmaschine, die ihm aus Paris zugesandt worden war, trat er an die Sternwarte ab. Das „Kometen-Archiv" der Sternwarte bereicherte er durch Aufsätze und Briefe, die ihm zugeschickt worden waren. Von ganz besonderer Wichtigkeit waren für Encke und seine Mitarbeiter Humboldts enge Beziehungen zur Pariser Akademie, aber auch z. B. zu russischen Astronomen, wie Wilhelm und Otto Struve. Jede Entdeckung der Berliner Sternwarte wurde von ihm unverzüglich nach Paris an seinen Freund Arago gemeldet. So enthalten die Sitzungsberichte der Pariser Akademie zahlreiche Berliner Resultate, von denen auf diesem Wege Kunde dorthin gelangt war. Man versteht daher, daß er ungehalten war, wenn er einmal von den Berliner Astronomen verspätet unterrichtet wurde. Legte er Wert darauf, daß eine Originalmitteilung nach Paris ging, übernahm er selbst die stilistische Überarbeitung oder gar die Übersetzung ins Französische. Er war um Gehaltserhöhungen und Ordensauszeichnungen bemüht, letzteres wieder, um „Spektakel" zu machen, er beriet die Astronomen bei der Frage, wie die mit einer Preisverleihung verbundene Geldüberweisung aus dem Ausland am praktischsten zu regeln sei, kurz, er war immer zur Stelle, wie Dirichlet sagte, wo es um das Wohl der Wissenschaft oder ihrer Vertreter ging. Auch an ideeller Unterstützung hat er es nicht fehlen lassen; jeder Fortschritt der jüngeren Astronomen wurde von ihm anerkannt, und er ermutigte den wissenschaftlichen Nachwuchs, im Streben nach weiteren Erfolgen fortzufahren.

Humboldt praktizierte das Prinzip des „do ut des“ (ich gebe dir etwas, damit du dich revanchierst) und hat es ganz unverhohlen proklamiert. Er erwartete daher von den Mitarbeitern der Berliner Sternwarte, daß sie sich ohne Murren erkenntlich erwiesen, indem sie die unzählbaren Fragen beantworteten, die ihm bei der Ausarbeitung seiner Werke über Zentral-Asien, zur Geschichte der Geographie des Mittelalters, oder des astronomischen Teiles des „Kosmos“ kamen und die er nicht selbst klären konnte (oder wollte, weil er mit vorrückendem Alter in immer höherem Maße, ganz berechtigt, fürchtete, die Zeit werde zur Fertigstellung nicht mehr reichen, er würde vorher sterben). Da ging es um die Berechnung barometrischer Höhenmessungen, um die Berechnung des Flächeninhalts von Mexiko, seine Fragen betrafen die kosmischen Nebel, dunkle Weltkörper, die sogenannten Kohlensäcke, die Lichtgeschwindigkeit, die Mädlersche Hypothese einer „Zentralsonne“, die Zahl der mit bloßem Auge sichtbaren Sterne, die Tagessichtbarkeit von Sternen, die relative Lichtstärke von Sternen, Doppelsterne, die Richtung der Bewegung und den Schwerpunkt des Sonnensystems, das sogenannte Bodesche Abstandsgesetz der Planeten, die Wärmeänderung durch Abnahme der Schiefe der Ekliptik, die Annäherung von Kometenschweifen an die Erde, die Teilung des Bielaschen Kometen, Analogien zwischen kleinen Planeten und kurzperiodischen Kometen, Anzahl der Kometen mit weniger als acht Jahren Umlaufszeit, Statistik von Sternschnuppenfällen, das Zodiakallicht, den neuesten Wert für die Abplattung der Erde, die höchste Temperatur der letzten Tage, Anfertigung von Umrechnungstabellen, Kontrolle eigener Rechnungen, die Geschichte der Astronomie usw. usf. Die Hauptlast der Beantwortung hatte lange Zeit Galle zu tragen, aber auch Encke selbst und andere Mitarbeiter, wie Bruhns, Wolfers oder Foerster, oder auswärtige Astronomen, wie Gauss, Bessel, Schumacher, Argelander, Julius Schmidt, blieben nicht verschont. Besonders Galle und Encke war wohl die durch Humboldt selbst rhetorisch gestellte Frage aus dem Herzen gesprochen: „Wer in der Welt hat wohl je mehr gefragt, als ich Unglücklicher!“ Und mancher der Konsultierten wird sich wohl im Stillen die Frage gestellt haben, die Humboldt selbst mit Bessel diskutierte, nämlich warum er nicht bei einer „physikalischen Erdbeschreibung“ geblieben sei, sondern einen „Kosmos“, eine Weltbeschreibung verfasse.

„Ich glaube, in meinen Vorträgen bemerkt zu haben, daß gerade die gleichmäßige Behandlung der himmlischen und irdischen Erscheinungen [...] einen Eindruck von der Größe des Gegenstandes hinterließ, der zu großartigeren Ansichten in jeglicher Sphäre der speziellen Untersuchung leiten kann. Da ich den Himmel viel und etwas mehr als mit bloßen Augen gesehen, manches mit himmlischen Körpern selbst versucht, in dem engsten Kreise der Astronomen und Mathematiker von Ruf [in Paris] einige 30 Jahre verlebt, so glaubte ich, das Wagstück unternehmen zu dürfen.“

So lautete seine Antwort, und der Erfolg hat ihm recht gegeben. Aber die, die die vielen Details zusammentrugen, sie werden gewiß oftmals heimlich geseufzt haben über die unbequeme, ja lästige Wißbegierde des Greises. Die Mühe, die sie auf die Erfüllung der Humboldtschen Anliegen verwandten, war der Preis für die ihnen zuteil werdende Förderung, der höflich aber unerbittlich eingetrieben wurde. Auch in grundsätzlichen Fragen der Darstellung und Anordnung des Stoffes ließ sich Humboldt von den Astronomen der Sternwarte beraten. Es war dies eine feine Diplomatie, mit deren Hilfe späterer Kritik vorgebeugt werden sollte. In sachlichen Einzelheiten nahm Humboldt gern Belehrung an, aber in der grundsätzlichen Anlage des „Kosmos" ging er seine eigenen Wege, und das mit Recht.

Natürlich beschränkten sich Humboldts Kontakte zur Berliner Sternwarte nicht auf die angedeuteten. Fragen, die an ihn gerichtet wurden und die er in seinem Streben nach Genauigkeit und Erfassen des letzten Wissensstandes nicht oder nur ungenügend hätte beantworten können, leitete er der Sternwarte zu, oft mit der Bitte, die Anwort zu übernehmen. Bisweilen bat er, seine Briefe der dienstlichen Sternwartenpost beizulegen; die Sternwarte diente ihm als Archiv und Depot für Teile seiner handschriftlichen Hinterlassenschaft. Wünsche fürstlicher Personen nach Bestellung astronomischer Beobachtungsinstrumente ließ er durch die Sternwarte realisieren, beim Verkauf eigener, nicht mehr benötigter Instrumente ließ er sich Ratschläge geben — es ist unmöglich, die vielfältigen Beziehungen Humboldts zur Sternwarte in Berlin anders als resümierend hier zu behandeln.

Im Briefwechsel zwischen Humboldt und Gauss wurden Angelegenheiten der Sternwarte nicht oder nur ganz am Rande behandelt. Humboldt wußte, ich sagte es bereits, um die ständige briefliche Verbindung zwischen Gauss und Encke. Daß aber im September 1828, als Gauss zur VII. Versammlung der Gesellschaft deutscher Naturforscher und Ärzte in Humboldts Wohnung als dessen persönlicher Gast logierte, auch über Sternwartenangelegenheiten gesprochen worden ist, darf wohl angenommen werden. Wir wissen, daß von erdmagnetischen Beobachtungen und Messungen und von astronomischen Problemen die Rede war wie dem der Begrenzung der Atmosphären der Planeten, dem der wahrscheinlichen Abplattung der Sonne oder dem der Richtung der Bewegung des Sonnensystems, von Fragen, auf die Gauss dann von Göttingen aus brieflich ausführlich eingegangen ist. Da zu den Gesprächen zwischen Humboldt und Gauss sicher auch Encke gelegentlich hinzugezogen worden ist, der Gauss in Berlin fast ständig begleitete, liegt die Vermutung nahe, daß der geplante Neubau der Sternwarte und deren instrumentelle Ausstattung ebenfalls Gegenstand der Erörterungen gewesen ist. Fest steht, daß Enckes Arbeit „Über die Berechnung der Bahnen der Doppelsterne" (Berliner Astron. Jahrbuch, Jahrg. 1832, S. 253 ff.) einer Äußerung von Gauss während seines Berlin-Besuchs ihre Entstehung verdankt.

Als Humboldt im September 1837 in Göttingen zur Teilnahme an den Feierlichkeiten zum einhundertjährigen Bestehen der Universität weilte, dürfte auch bei dieser Gelegenheit die Berliner Sternwarte ein Gesprächsgegenstand gewesen sein, auch wenn wir genau nur wissen, daß Gauss für Humboldts Geschmack ein wenig zu viel in seine „magnetischen Drähte verstrickt" und sein „astronomisches Interesse ganz verschwunden" war, was man aber nicht ganz so wörtlich nehmen darf.

Um das Bild abzurunden, sei auch erwähnt, daß Humboldtsche, an Gauss herangetragene Förderungsinitiativen zu Rückfragen von Gauss bei Encke geführt haben, so daß beispielsweise Dirichlets und Eisensteins Weg durch den Berliner Sternwartendirektor mit beeinflußt worden ist.

Ich komme zum Schluß.

„Astronomie und reine Größenlehre sind einmal die magnetischen Pole, nach denen sich mein Geisteskompaß immer wendet", bekannte Gauss im Alter von 26 Jahren. Die reine Mathematik hat unter den Hauptinteressen von Gauss bis zu seinem Tode unangefochten den ersten Platz behauptet; auf dem den Anwendungen vorbehaltenen zweiten Platz wurde die Astronomie später durch die Geodäsie, diese durch den Geomagnetismus und dieser durch die Statistik verdrängt (exakte statistische Daten über die Säuglingssterblichkeit „würden für mich etwas viel interessanteres sein als die Beobachtungen zur Bestimmung einer neuen Planetenbahn", heißt es beispielsweise in einem Brief des Siebzigjährigen), aber die rechnende Astronomie hat doch stets auf unverminderte Teilnahme zählen können.

Im Mittelpunkt von HUMBOLDTs Interessen und Leistungen standen Geowissenschaften wie Geographie, Geologie, Klimatologie, aber wenn er in jüngeren Jahren „ganz krank von dem ehrgeizigen Wunsche war, einen Kometen zu entdecken", wenn er als 89jähriger noch sieben Monate vor seinem Tode die Berliner Sternwarte ein letztes Mal besuchte, um den DONATIschen Kometen zu beobachten, so stehen diese beiden Tatsachen nur für ein lebenslanges aktives Interesse an den Fortschritten der Astronomie, an ihrer Geschichte und an der Verbreitung astronomischer Kenntnisse.

Die Berliner Sternwarte hat von der Aufmerksamkeit, die GAUSS und HUMBOLDT auf die Astronomie gerichtet haben, profitiert: Dem ersteren verdankte sie Beiträge von bleibendem Wert für ihre Jahrbücher, sie verdankte ihm das, was ENCKE bei ihm gelernt und an seine Gehilfen weitergab, die Methoden der Bahnbestimmung und Störungsrechnung, das Streben nach Strenge und Schärfe, sie verdankte *ihm* manches, was HUMBOLDT für sie getan hat. HUMBOLDT wiederum ist sie verpflichtet für unermüdliche Förderung und Hilfe im Auf- und Ausbau und für die Verbreitung des Astronomieverständnisses in weiten Kreisen.

Quellen und Literatur

GAUSS, C. F.: Werke. Bd. 6 (1874), 7 (1906), 8 (1900), 11 (1924/29), 12 (1929).

Briefe zwischen A. v. Humboldt und Gauß. Hrsg. v. K. Bruhns. Leipzig 1877.

Briefwechsel zwischen C. F. Gauß und W. Bolyai. Hrsg. v. Fr. Schmidt und P. Stäckel. Leipzig 1899.

W. OLBERS. Sein Leben und seine Werke. Bd. 2/2. Hrsg. v. C. Schilling und I. Kramer. Berlin 1909.

Briefwechsel zwischen C. F. Gauß und Chr. L. Gerling. Hrsg. v. Cl. Schaefer. Berlin 1927.

BRUHNS, C.: Johann Franz Encke. Leipzig 1869.

Auszüge aus dem Briefwechsel zwischen C. F. Gauß und J. Fr. Encke. (Xerokopien der Originale in der SUB Göttingen.)

Die Handschriften in Göttingen. Bd. 3. Berlin 1894.

Die Jugendbriefe A. v. Humboldts 1787—1799. Hrsg. v. I. Jahn und Fr. G. Lange. Berlin 1973.

BIERMANN, K.-R., und H.-G. KÖRBER: Ein bisher unveröffentlichter wissenschaftlicher Brief von C. F. Gauß an A. v. Humboldt. In: Forsch. u. Fortschr. 33 (1959), S. 136—140.

BIERMANN, K.-R., und H.-G. KÖRBER: Zum wissenschaftlichen Briefwechsel zwischen C. F. Gauß und A. v. Humboldt. In: Forsch. u. Fortschr. 36 (1962), S. 41—44.

BIERMANN, K.-R.: Die Probleme der Schwereänderung [...] in einem Brief von C. F. Gauß an A. v. Humboldt. In: Forsch. u. Fortschr. 39 (1965), S. 357—361.

BIERMANN, K.-R.: A. v. Humboldts wissenschaftshistorisches Programm bei der Übersiedlung nach Berlin. In: Monatsberichte DAW 10 (1968), S. 142—147.

BIERMANN, K.-R.: Der Briefwechsel zwischen A. v. Humboldt und C. G. J. Jacobi über die Entdeckung des Neptun. In: NTM 6 (1969), H. 1, S. 61—67.

BIERMANN, K.-R.: Humboldt in seinen Beziehungen zur Astronomie in Berlin. Archenhold-Sternwarte. Vorträge u. Schriften, Nr. 37 (Berlin).

Biermann, K.-R.: Fr. W. Bessels Projekt einer Populären Astronomie in seinem Briefwechsel mit A. v. Humboldt. In: Archenhold-Sternwarte. Veröffentlichungen. Nr. 6 (1974), S. 33–41.

Herrmann, D. B.: Die Entstehung der astronomischen Fachzeitschriften in Deutschland (1798 bis 1821). Archenhold-Sternwarte. Veröffentlichungen, Nr. 5 (1972).

Poschek, M.: C. F. Gauß. Eine Bio-Bibliographie. Hamburg 1957. (Vervielfältigte bibliothekarische Prüfungsarbeit).

Wattenberg, D.: J. G. Galle. 1812–1910. Leipzig 1963. Lebensdarstellungen deutscher Naturforscher. Nr. 10.

Anschrift des Verfassers:

Prof. Dr. habil. Kurt-R. Biermann

Alexander-von-Humboldt-Forschungsstelle der Akademie der Wissenschaften der DDR
DDR-108 Berlin
Zimmerstr. 94

ARTHUR AUWERS ALS ASTRONOM DER BERLINER AKADEMIE

JOHANN WEMPE

1. Biographische Einleitung

In der Geschichte der Astronomie im Rahmen der Berliner Akademie spielt ARTHUR AUWERS eine einzigartige Rolle. Er hat von 1866 bis zu seinem Tode 1915, also fast ein halbes Jahrhundert lang, als Repräsentant seines Fachgebietes in der Akademie gewirkt; von 1878 bis 1912 (als er in dieser Funktion durch MAX PLANCK abgelöst wurde) war er außerdem beständiger Sekretar ihrer mathematisch-physikalischen Klasse und hat als solcher auf viele wissenschaftliche und organisatorische Beschlüsse der gesamten Akademie einen entscheidenden Einfluß genommen.

Bevor ARTHUR AUWERS [19, 20, 24, 27] in die bedeutende Stelle als Astronom der Berliner Akademie berufen wurde, hatte er nur wenige Jahre als Assistent oder freier Mitarbeiter an den Sternwarten in Königsberg und Gotha gewirkt. Die ersten Spuren seiner astronomischen Betätigung gehen bis in die Schulzeit in seiner Vaterstadt Göttingen zurück; Beobachtungen von Sternschnuppen, die der kaum 16jährige Schüler gemeinsam mit seinen älteren Freunden PAPE und WINNECKE durchgeführt hatte, sind noch von CARL FRIEDRICH GAUSS an die Astronomischen Nachrichten [1] zum Druck eingereicht worden. Als AUWERS nach dem frühen Tode seiner Eltern die Schulbildung am Gymnasium von Schulpforta abgeschlossen hatte, kehrte er 1857, zwei Jahre nach dem Tode von GAUSS, zum Studium der Astronomie nach Göttingen zurück. Er ist also nicht mehr direkter Schüler von GAUSS gewesen, sondern hat unter Anleitung von KLINKERFUES sich an den Beobachtungen der Göttinger Sternwarte beteiligt. Nach zwei Jahren, 1859, übersiedelte AUWERS zur Fortsetzung seiner Ausbildung an die Universitäts-Sternwarte in Königsberg, deren Direktor damals EDUARD LUTHER war. Das Arbeitsprogramm der Sternwarte stand noch überwiegend in der Tradition des 13 Jahre vorher verstorbenen FRIEDRICH WILHELM BESSEL, und unter diesem Einfluß ist auch die Arbeitsrichtung von AUWERS entscheidend geprägt worden. Er beobachtete mit dem gleichen Heliometer, das BESSEL zur Messung der Parallaxe von 61 Cygni benutzt hatte, und er setzte vor allem BESSELS Untersuchungen über veränderliche Eigenbewegungen einzelner Sterne fort, die zur Kenntnis der Bahnbewegung in Doppelsternsystemen mit bisher optisch nicht erkannten schwachen Komponenten führten. Nachdem AUWERS mit einem Teil dieser Untersuchungen, die veränderliche Eigenbewegung des Procyon betreffend, in Königsberg promoviert hatte [2], folgte er 1862 einer Einladung von PETER HANSEN, als freier Mitarbeiter an die Sternwarte auf dem Seeberge bei Gotha zu kommen. Die Übersiedlung dorthin verband AUWERS mit einem Umweg über Pulkovo, wo sein Freund WINNECKE als Assistent von OTTO STRUVE tätig war. Aus diesem kurzen Gastaufenthalt in Pulkovo ergaben sich wissenschaftliche Anregungen und persönliche Beziehungen, die von großer Bedeutung für die spätere Arbeit von AUWERS in Berlin wurden.

Zunächst jedoch widmete sich Auwers in Gotha einem Beobachtungsprogramm am Äquatorial, das die Bestimmung der Parallaxe des Sterns 34 Groombridge zum Ziel hatte, also ganz im Themenkreis seiner Königsberger Tätigkeit und der Besselschen Tradition lag. Außerdem entstand aber auch schon in Gotha der erste Beitrag zu dem Arbeitsgebiet, das später zum Hauptteil von Auwers' Lebenswerk werden sollte und charakteristisch für seine Arbeitsweise war: die Ableitung eines Fundamentalsystems von Sterndeklinationen aus der kritischen Zusammenfassung von 13 Beobachtungskatalogen anderer Autoren und die Ableitung von Eigenbewegungen durch Vergleich mit den ein Jahrhundert früher von Bradley in Greenwich angestellten, von Bessel neu bearbeiteten Beobachtungen.

Als im Jahre 1865 das Mitglied der Berliner Akademie Johann Franz Encke gestorben war, dessen Nachfolge als Direktor der Sternwarte schon während Enckes Erkrankung Wilhelm Foerster übernommen hatte, erhielt Hansen in Gotha den Ruf, die Nachfolge Enckes als Astronom der Akademie anzutreten. Hansen lehnte jedoch diese Berufung mit Rücksicht auf sein Alter ab — er war damals 70 Jahre alt — und empfahl an seiner Stelle die Berufung des noch nicht 28jährigen Auwers. Auf Grund von Gutachten ihrer Mitglieder Kummer, Weierstrass, Kronecker und Borchardt folgte die Akademie Hansens Vorschlag, und so gelangte Auwers, der gerade im Begriff stand, eine Tätigkeit als Observator an der Sternwarte Pulkovo [3] anzutreten, in die einflußreiche Stellung, die er bis zu seinem Lebensende innehatte.

Die Arbeiten von Arthur Auwers als Astronom der Berliner Akademie beziehen sich im wesentlichen auf drei Problemkreise von sehr unterschiedlichem Umfang:

1. die Schaffung eines Fundamentalsystems von Fixsternpositionen aus möglichst allen dafür geeigneten Beobachtungen;
2. die Messung der Sonnenparallaxe, d. h. die Bestimmung der Entfernung der Erde von der Sonne zunächst in Einheiten der Dimensionen des Erdkörpers, und aus deren Kenntnis wiederum ausgedrückt in den metrischen Einheiten der in der Physik üblichen Maßsysteme;
3. die Messung des Durchmessers und der Form der Sonnenscheibe, und die Untersuchung ihrer etwaigen zeitlichen Veränderlichkeit.

Die Arbeit an diesen verschiedenen Problemkreisen hat sich zeitlich vielfach durchdrungen, so daß sie zweckmäßig nicht in chronologischer Folge, sondern nach ihrer sachlichen Beziehung behandelt wird.

2. Auwers' Beiträge zur Schaffung eines fundamentalen Koordinatensystems

An erster Stelle steht in jeder Hinsicht, nach Umfang der Arbeit und nach wissenschaftlicher Bedeutung, das Problem der Realisierung eines fundamentalen Systems für die sphärischen Koordinaten der Sterne. Die Schwierigkeit dieser Aufgabe ist durch verschiedene Umstände begründet: 1. die definitionsgemäße, beobachtungstechnisch bedingte Anknüpfung dieses Systems an die Lage der Rotationsachse der Erde, so daß deren Veränderungen im Raum und im Erdkörper eliminiert werden müssen; 2. die unvermeidlichen Fehler der Meßinstrumente, in erster Linie des Meridiankreises, die überdies ständigen Veränderungen durch Temperatureinflüsse und Materialeigenschaften ausgesetzt sind; 3. die Refraktion in der Erdatmosphäre, die vor allem in die Messung der Deklination eingeht; und schließlich 4. die Überlagerung der systematischen, die Kinematik des Sternsystems charakterisierenden Bewegungen der Sterne und ihrer pekuliaren (individuellen) Eigenbewegungen durch die nur statistisch und nicht hypothesenfrei abzutrennenden Effekte der Präzession.

Die Methoden der empirischen Bestimmung von Instrumentalfehlern und ihrer Elimination aus den Beobachtungen sind durch F. W. BESSEL in klassischer Form entwickelt und angewandt worden. Der Beitrag, den AUWERS, über BESSEL hinausgehend, zur Schaffung eines Fundamentalsystems geleistet hat, besteht, auf eine kurze Formel gebracht, in dem schon in seinem Gothaer Deklinationskatalog benutzten und in vielen späteren Arbeiten zur Meisterschaft entwickelten Verfahren, die empirisch nicht direkt erfaßbaren Restfehler der beobachteten Sternpositionen durch systematischen Vergleich und kritische Mittelbildung verschiedener Beobachtungskataloge so weit wie möglich auszuschalten.

Das Unternehmen, dem sich AUWERS nach seiner Übersiedlung nach Berlin zuerst zuwandte, war eine Neureduktion der Beobachtungen, die BRADLEY in den Jahren 1750 bis 1762 an den Meridiankreisen der Greenwicher Sternwarte angestellt hatte. BRADLEYS Beobachtungen waren erst 1798 von HORNSBY in Oxford in unreduzierter Form herausgegeben worden; dieses Material war dann durch Vermittlung von OLBERS im Jahre 1807 an BESSEL gelangt, der es nach seiner Übersiedlung nach Königsberg dort reduzierte und die Ergebnisse in seinem 1818 erschienenen Werk „Fundamenta Astronomiae“ publizierte. Als AUWERS im Jahre 1862 die Sternwarte Pulkovo besuchte, erfuhr er dort, daß OTTO STRUVE die Absicht hatte, die BRADLEYschen Beobachtungen anhand einer aus Greenwich beschafften Abschrift der Originalaufzeichnungen neu bearbeiten zu lassen. Nachdem die Ausführung dieses Planes in Pulkovo jedoch auf unerwartete Hindernisse stieß, erbot sich AUWERS, die Arbeit zu übernehmen, wobei Pulkovo sich verpflichtete, die Kosten für ausreichende Hilfskräfte und für die Drucklegung zu übernehmen. AUWERS hat dann mit bewundernswerter Akribie und Ausdauer BRADLEYS Meridiankreisbeobachtungen, von den Originalziffern der einzelnen Fadenantritte ausgehend, völlig neu bearbeitet, und daraus die Positionen von 3268 Sternen für das Jahr 1755 abgeleitet. Zusätzlich wurden aus neuen Beobachtungen, die in den Jahren 1854 bis 1867 in Greenwich angestellt waren, die Positionen der gleichen Sterne für das Jahr 1865 bestimmt und durch den Vergleich mit BRADLEYS Beobachtungen aus einer Epochendifferenz von 110 Jahren genaue Eigenbewegungen gewonnen. Ferner hat AUWERS auch BRADLEYS unveröffentlichte Beobachtungen am Mauerquadranten und am Zenitsektor neu bearbeitet, die Ergebnisse zur Kontrolle des Zenitpunktes am Meridiankreis benutzt und auch die Spuren der Polhöhenschwankungen in diesen Beobachtungen [14] diskutiert. Alle diese Arbeiten erstreckten sich über einen Zeitraum von fast vier Jahrzehnten; die Ergebnisse sind in drei umfangreichen Publikationen niedergelegt, die in den Jahren 1882, 1888 und 1903 in St. Petersburg erschienen.

Ein weiterer Beitrag von ARTHUR AUWERS zur Schaffung eines Systems von fundamentalen Sternpositionen besteht in seinem Anteil an Planung und Durchführung des sogenannten Zonenunternehmens der Astronomischen Gesellschaft. Auf Anregung von ARGELANDER hatte die 1865 gegründete Astronomische Gesellschaft als eines ihrer Ziele, große Gemeinschaftsarbeiten verschiedener Sternwarten zu fördern, im Jahre 1869 ein Programm beschlossen, die Positionen aller Sterne heller als $9^m,0$ der Bonner Durchmusterung durch Beobachtungen an Meridiankreisen neu zu bestimmen. Die Berliner Sternwarte übernahm einen großen Anteil an diesem Programm, nämlich die Beobachtung der Deklinationszonen von $+15°$ bis $+30°$ und $+70°$ bis $+75°$. Auwers selbst fungierte für die Zone $+15°$ bis $+20°$ als Beobachter am Okular des alten Meridiankreises von Pistor aus dem Jahre 1829, wobei er von der Auge-Ohr-Methode zur chronographischen Registrierung der Durchgangszeiten überging, und beendete die Beobachtungen dieser Zone mit Ramberg als Kreisableser (anfangs hatte Wilhelm Foerster diese Aufgabe übernommen) bereits im Jahre 1871.

Außer diesem eigenen Anteil als Beobachter hatte Auwers wesentlichen Einfluß auf die Beratungen und Beschlüsse, die ein einheitliches System für das an neun Sternwarten durchzuführende Programm sichern sollten. Nach Argelanders Tod übernahm Auwers auch formal die Leitung der zuständigen Kommission. Als es ihm später (1902) in einigen organisatorischen und technischen Fragen nicht gelang, seine große Autorität gegenüber der abweichenden Meinung anderer Kommissionsmitglieder durchzusetzen, zog er sich von der Leitung des Zonenunternehmens ganz zurück und erklärte sogar seinen Austritt aus der Astronomischen Gesellschaft. Trotz dieses bedauerlichen Mißklangs blieb unbestritten, daß die Organisation des Zonenunternehmens zur Schaffung eines einheitlichen Sternkatalogs im wesentlichen Arthur Auwers zu verdanken ist.

3. Ableitung der Sonnenparallaxe aus Venusdurchgängen und Beobachtungen kleiner Planeten

Das zweite Arbeitsgebiet, dem Auwers einen großen Teil seiner Tätigkeit in Berlin gewidmet hat, war die Ableitung der Sonnenparallaxe, in erster Linie aus der Beobachtung von Durchgängen des Planeten Venus vor der Sonnenscheibe. Dieses Phänomen, das bekanntlich in einem Zyklus von 243 Jahren nur viermal eintritt (und zwar paarweise, jeweils beim Durchgang des Planeten durch den aufsteigenden bzw. absteigenden Knoten, mit einem Abstand von 8 Jahren), war zuerst von Kepler für das Jahr 1631 vorausgesagt, aber nicht beobachtet worden (da es in Europa nicht sichtbar war); die erste Beobachtung gelang Horrox bei dem folgenden Durchgang 1639. Nachdem Halley 1693 darauf hingewiesen hatte, daß eine Beobachtung der Venusdurchgänge von möglichst weit getrennten Erdorten aus eine Bestimmung der Sonnenparallaxe erlaubt (genauer gesagt der Differenz von Venus- und Sonnenparallaxe), wurden die beiden folgenden Durchgänge in den Jahren 1761 und 1769 von zahlreichen Stationen aus verfolgt, und zwar wurden, dem Vorschlag von Halley entsprechend, nur die Eintritts- und Austrittszeiten beobachtet, aus denen die unterschiedliche Länge der Durchgangssehne und damit deren parallaktische Verschiebung ableitbar ist. Diese Beobachtungen litten jedoch sehr unter physiologisch und atmosphärisch bedingten Effekten, dem sogenannten Phänomen des schwarzen Tropfens, der eine genaue Auffassung der Kontakte zwischen Sonnen- und Venusrand erschwert, so daß die erhoffte zeitliche Festlegung auf wenige Sekunden nicht gelang, sondern die Unsicherheit fast das Zehnfache dieses Betrages erreichte. Infolgedessen führten die Ergebnisse der einzelnen Beobachter zu sehr unterschiedlichen Werten der Sonnenparallaxe (zwischen $7\overset{''}{.}5$ und $10''$). Encke hat dann während seiner Tätigkeit in Gotha (1822—1824) alle Beobachtungen der beiden Venusdurchgänge des 18. Jahrhunderts nochmals kritisch bearbeitet, und er fand als Gesamtergebnis (1835 in den Abhandlungen der Berliner Akademie publiziert) für die Sonnenparallaxe p = 8.″58 ± 0.″04. HANSEN hat später darauf hingewiesen, daß dieser Wert mit Ergebnissen anderer Methoden nicht vereinbar sei und um mindestens 3% vergrößert werden müsse. Daher lag es nahe, die beiden für 1874 und 1882 zu erwartenden Venusdurchgänge zu einer Neubestimmung der Sonnenparallaxe zu benutzen. Es ist das besondere Verdienst von ARTHUR AUWERS, diese Beobachtungen geplant und als großes Gemeinschaftsunternehmen organisiert zu haben. Dabei hat AUWERS sich mit großem Nachdruck dafür eingesetzt, nicht nur die Ränderberührungen zu beobachten, die nach den Erfahrungen von 1761 und 1769 in hohem Maße der Verfälschung durch systematische Fehler unterliegen, sondern er hat als wesentlichen beobachtungstechnischen Fortschritt vorgeschlagen, den relativen Ort der Venus auf der Sonnenscheibe während des ganzen Durchgangs, hauptsächlich aber in der Mitte der Durchgangssehne, durch Messungen mit Heliometern festzulegen. Dieses Winkelmeßgerät, urspünglich von SAVERY (1743) und BOUGUER (1748) mit zwei getrennten, gegeneinander verschiebbaren Objektiven konstruiert, dann von DOLLEND mit einem Objektiv und einem vorgesetzten, diagonal durchschnittenen Negativsystem realisiert und sachgemäß als Objektiv-Mikrometer bezeichnet, hatte durch FRAUNHOFER seine endgültige Form mit einem durchschnittenen Objektiv erhalten, dessen Hälften mikrometrisch gegeneinander verschiebbar waren. Diese FRAUNHOFERsche Konstruktion, wegen der Verwendung zur Messung des Sonnendurchmessers als Heliometer bezeichnet, hatte sich vor allem in den Händen von F. W. BESSEL bei der Messung der Parallaxe von 61 Cygni als genauestes Winkelmeßgerät bewährt. AUWERS setzte sich mit größtem Nachdruck für die Verwendung aller FRAUNHOFERschen Heliometer bei der Beobachtung der Venusdurchgänge 1874 und 1882 ein. Gemeinsam mit seinem Freunde WINNECKE erarbeitete AUWERS die meßtechnischen Einzelheiten und einen vollständigen Beobachtungsplan für je zwei Stationen auf der Nord- und Südhalbkugel der Erde. Da die Verwirklichung dieses Plans die Zuständigkeit und die Möglichkeiten der Berliner Akademie weit überschritt, bemühte sich AUWERS im Jahre 1869 im Namen der Akademie um die Unterstützung des Bundesrats des damaligen Norddeutschen Bundes, und veranlaßte, daß auch die Sächsische Akademie durch den Leipziger Astronomen CARL BRUHNS sich diesem Antrag anschloß. Der Bundesrat entsprach innerhalb weniger Wochen diesen Anträgen zur Bewilligung der notwendigen Mittel, und das Bundeskanzleramt setzte zur Beratung aller einschlägigen Fragen eine Kommission ein, der unter dem Vorsitz des Gothaer Astronomen HANSEN der Direktor der Berliner Sternwarte W. FOERSTER, der Direktor der Sternwarte in Bonn, ARGELANDER, der Direktor der Hamburger Sternwarte, G. RÜMKER, und der Direktor der Mecklenburgischen Landesvermessung, FRIEDRICH PASCHEN (Großvater des Physikers FRIEDRICH PASCHEN) angehörten. Die Arbeit dieser Kommission wurde im wesentlichen von A. AUWERS geleistet, zunächst als Schriftführer, später, nach dem Tode von HANSEN, auch formal als Vorsitzender.

Die Mitarbeit von PASCHEN bezog sich auf die Verwendung der Photographie zur Bestimmung des Venusortes während des Durchgangs vor der Sonnenscheibe. PASCHEN [25] hat sehr umfangreiche und gründliche Voruntersuchungen über die Anwendbarkeit und die zu erwartende Genauigkeit dieser Methode durchgeführt. Es ging dabei vor allem um die Frage, ob bei einer vergrößerten Projektion des primären Fokalbildes auf die photographische Platte die notwendige Verzeichnungsfreiheit erreicht und die Skala für die Vermessung des Bildes durch die Projektion eines im primären Fokus angebrachten Gitters festgelegt werden könne. Die Diskussion über diese Frage, an der sich auch andere Autoren beteiligten, wurde zum Teil mit großer Heftigkeit geführt. Dabei war AUWERS durchaus für die Durchführung von photographischen Beobachtungen eingetreten, mindestens an den Stationen mit unsicheren Wetteraussichten, da sich in kurzen Wolkenlücken zwar photographische Aufnahmen erhalten, aber keine Heliometermessungen durchführen ließen. Jedoch hatte AUWERS (zweifellos berechtigte) Bedenken gegen die sekundäre Bildvergrößerung bei kurzbrennweitigen Objektiven, und er empfahl stattdessen die Verwendung langbrennweitiger Objektive, die sich aber nicht mehr rechtzeitig beschaffen ließen. Schließlich gelang es PASCHEN, die Annahme der von ihm erprobten Aufnahme-Methode mit Zwischenabbildung durchzusetzen und vier Beobachtungsstationen mit den entsprechenden Geräten ausrüsten zu lassen. Er erlebte jedoch nicht mehr die Realisierung seines Planes; nach PASCHENS Tod (1873) übernahm W. FOERSTER die Verantwortung für das photographische Beobachtungsprogramm. Die Ergebnisse dieser Aufnahmen waren hinsichtlich der erreichten Genauigkeit enttäuschend, und dieser Umstand veranlaßte AUWERS, bei der Planung der Beobachtungen des Venusdurchgangs von 1882 die Durchführung photographischer Aufnahmen auszuschließen. In einer öffentlichen Akademiesitzung am 22. März 1883 hat sich AUWERS zu dieser Frage in einer Weise geäußert, die bezeichnend für die Schärfe seiner Formulierungen ist und es vielleicht verständlich macht, daß er gelegentlich durch allzu autoritäre Durchsetzung seines Standpunktes das Mißfallen seiner Kollegen erregt hat. AUWERS sagt in dieser Festrede [8] wörtlich, daß „wir durch einen unparteiisch und auf breitester Basis durchgeführten Versuch zu der Einsicht gelangt sind, daß die Verbindung der photographischen Platte mit dem astronomischen Meßapparat wider die Natur ist, und ihre Unnatürlichkeit nur immer mehr hervortreten kann, je größere Fortschritte einerseits die Herstellung und Behandlung photographischer Platten mit Bezug auf ihre legitime Verwendung macht und je feiner andererseits die Technik des Messens am Himmel und die Anforderungen an dieselbe sich ausbilden."

Durch diese zu allgemein formulierte Verurteilung hat die erfolgreiche Anwendung der Photographie in der astronomischen Meßtechnik sich nicht aufhalten lassen. AUWERS hat die eigentliche Ursache für die bei dem Venusdurchgang 1874 erzielte geringe Meßgenauigkeit übersehen; sie liegt in der Wirkung der Luftunruhe, die bei Sonnenaufnahmen in großer Zenitdistanz (die zur Erfassung parallaktischer Effekte bei Venusdurchgängen notwendig ist) und bei den angewandten kurzen Belichtungszeiten (von der Größenordnung 0.001 s) zu stark verzerrten Bildern führt, deren Ausmessung schwierig ist, während bei den visuellen Beobachtungen am Heliometer über die kurzfristigen Schwankungen des Bildes integriert werden kann. (AUWERS hat später, in seiner Festrede [16] zum 200jährigen Bestehen der Berliner Akademie, die große Bedeutung der photographischen Technik für die Astronomie durchaus anerkannt und ihr die „sichere Aussicht auf eine viel weiter reichende Umgestaltung der beobachtenden Astronomie" zugeschrieben.)

Durch diese Bemerkungen soll und darf das große Verdienst nicht geschmälert werden, das AUWERS sich durch die Organisierung der deutschen Expeditionen zur Beobachtung der beiden Venusdurchgänge 1874 und 1882 erworben hat. Uneingeschränkte Bewunderung verdient aber vor allem die Sorgfalt, kritische Sachkenntnis und Ausdauer, mit der AUWERS die abschließende Bearbeitung aller Beobachtungsergebnisse dieser Expeditionen übernommen hat. Auch hat AUWERS sich an den Beobachtungen der beiden Venusdurchgänge persönlich beteiligt, und zwar 1874 außerhalb der vom Deutschen Reich finanzierten großen Gemeinschaftsprogramme auf einer speziell von der Berliner Akademie nach Luxor (Ägypten) entsandten Expedition [5], bei der Auwers eigene Erfahrungen über die Schwierigkeiten der verschiedenen Beobachtungsmethoden sammelte, und 1882 als einer der Heliometer-Beobachter auf der südlichsten der Parallaxen-Stationen in Punta Arenas an der Magellan-Straße, über deren Erlebnisse und Schwierigkeiten Auwers einen anschaulichen Bericht [8] gegeben hat.

Die Ergebnisse aller dieser Arbeiten hat Auwers in sechs umfangreichen Bänden [13] niedergelegt, die in den Jahren 1887 bis 1898 erschienen sind. Insgesamt hat Auwers dem Problem der Venusdurchgänge 30 Jahre intensiver Arbeit gewidmet, einen Zeitraum, in dem er allerdings auch an vielen anderen Aufgaben gearbeitet hat. Das für die Sonnenparallaxe erzielte Resultat [12] war $8\overset{''}{.}88 \pm 0\overset{''}{.}03$; es erreichte nicht die erhoffte innere Genauigkeit und systematische Sicherheit. Jetzt hat dieses Ergebnis nur noch historische Bedeutung, und bei den nächsten Venusdurchgängen in den Jahren 2004 und 2012 wird kaum Interesse daran bestehen, dieses Experiment zu wiederholen.

Einen weiteren Beitrag zur Bestimmung der Sonnenparallaxe leistete Auwers durch seine Beteiligung an der simultanen Beobachtung ausgewählter kleiner Planeten von der Nord- und Südhalbkugel der Erde aus. Die Kap-Sternwarte, von der dieses Programm ausging, hatte zu diesem Zweck ein neues Heliometer von Repsold beschafft; Auwers erklärte sich bereit, als erfahrener Heliometer-Beobachter die Messungen gemeinsam mit David Gill in Kapstadt im Jahre 1889 durchzuführen. Außerdem übernahm Auwers die Bearbeitung der an 22 Sternwarten durchgeführten Beobachtungen der Anschlußsterne und die Ableitung der Parallaxe aus den Deklinationsmessungen der kleinen Planeten selbst an verschiedenen Meridiankreisen. Diese umfangreichen Untersuchungen [15] kamen 1896 zum Abschluß; sie führten zu dem Wert der Sonnenparallaxe von $8\overset{''}{.}80$, der in das international anerkannte System der fundamentalen astronomischen Konstanten übernommen wurde und erst durch die modernen Methoden an innerer Genauigkeit und systematischer Zuverlässigkeit verbessert, jedoch dem Betrage nach bestätigt worden ist.

4. Veränderlichkeit des Sonnendurchmessers und Abplattung der Sonne

Einem astrophysikalischen Problem, nämlich der etwaigen Veränderlichkeit des Sonnendurchmessers und einer möglichen Abweichung der Sonne von der Kugelform, hat Auwers umfangreiche Untersuchungen gewidmet, im wesentlichen durch eine kritische Analyse der von anderen Astronomen durchgeführten Messungen. Sein Interesse an diesem Problem ist wohl schon in Gotha geweckt worden, da einer seiner dortigen Vorgänger, Bernhard von Lindenau, aus seinen Beobachtungen am Passagen-Instrument auf dem Seeberge periodische Änderungen des Sonnendurchmessers gefunden hatte, die er auch aus den langjährigen Greenwicher Meridiankreis-Beobachtungen bestätigen zu können glaubte. Als im Jahre 1871 Pater Secchi aus Beobachtungen in Rom und Palermo Änderungen des Sonnendurchmessers in enger Korrelation mit der Anzahl der Sonnenflecken und abhängig von der heliographischen Breite nachweisen zu können behauptete, führte Auwers eine umfassende kritische Analyse des gesamten verfügbaren Beobachtungsmaterials durch und legte in der Gesamtsitzung der Berliner Akademie [4] am 8. Mai 1873 ausführlich dar, daß „die von Herrn SECCHI über Veränderungen des Sonnendurchmessers aufgestellten Behauptungen sämtlich durchaus unbegründet sind.“

Außer den Meridianbeobachtungen der Sonne analysierte AUWERS auch erneut die Messungen am Königsberger Heliometer aus BESSELs Zeit und zeigte, daß darin weder eine zeitliche Änderung des Sonnendurchmessers noch eine Abplattung der Sonnenscheibe nachweisbar ist.

Als AUWERS etwa ein Jahrzehnt später mit der Reduktion der Venusdurchgangs-Beobachtungen beschäftigt war, griff er in diesem Zusammenhang nochmals die gleichen Fragen auf [9] und bearbeitete mit der für ihn charakteristischen Gründlichkeit alle ihm zugänglichen Originalbeobachtungen, insbesondere die von BRADLEY und MASKELYNE [11] herrührenden an Passageninstrumenten und Mauerquadranten der Sternwarte Greenwich aus dem Zeitraum 1765 bis 1810, wobei er von den einzelnen Fadenantritten und Kreisablesungen ausging und sorgfältig die etwaigen persönlichen Auffassungsunterschiede der an den Beobachtungen beteiligten 21 Assistenten diskutierte und die möglichen Änderungen der Fadendistanzen und anderer Instrumentalkonstanten sogar durch eigene Experimente am alten Meridiankreis der Berliner Sternwarte untersuchte. Das Ergebnis war wiederum, daß nach kritischer Berücksichtigung aller persönlichen, instrumentellen und atmosphärischen Fehlerquellen keine langfristigen Änderungen des Sonnendurchmessers nachweisbar sind, die den Betrag von 0."1 übersteigen.

Zur Nachprüfung der von einigen Autoren behaupteten kurzfristigen Änderungen des Sonnendurchmessers analysierte AUWERS [10] weiter 19 umfangreiche Beobachtungsreihen von 12 verschiedenen Instrumenten an 7 Sternwarten, mit dem Ergebnis, daß in dem fast lückenlos überdeckten Zeitraum von 1755 bis 1883 keine reellen Schwankungen des Sonnendurchmessers mit jährlichen oder kürzeren Perioden aufgetreten sind, deren Amplitude einige 0."01 übersteigt, mit Ausnahme von drei Meßreihen (MASKELYNE, LINDENAU und MADRAS), deren Abweichungen zweifellos instrumentellen, atmosphärischen oder persönlichen Fehlerquellen zuzuschreiben sind.

Insgesamt sind AUWERS' umfangreiche Untersuchungen zur etwaigen Veränderlichkeit des Sonnendurchmessers und zur Abplattung der Sonne ein typisches Beispiel für die von der klassischen Astronomie seit BESSEL begründete und von AUWERS selbst bis zur äußersten Vollkommenheit (vielleicht sogar bis zur Übertreibung) weiter entwickelten Methoden, aus alten, mit noch unvollkommenen Instrumenten durchgeführten Meßreihen nachträglich alle wirklich verbürgbaren Informationen herauszuholen, aber gleichzeitig die von früheren Bearbeitern voreilig oder unkritisch behaupteten fehlerhaften Effekte auszuschließen. Auch wenn mit modernen Meßmethoden jetzt eine viel höhere Genauigkeit erreichbar geworden ist, behält diese typisch astrometrische Arbeitsweise ihren Wert, wenn sie zu verbesserten Aussagen über Vorgänge und Daten aus früheren Epochen führt.

5. Begründung der „Geschichte des Fixsternhimmels“

Als ARTHUR AUWERS im April 1878 zum beständigen Sekretar der physikalisch-mathematischen Klasse der Akademie gewählt worden war, wurde ihm die Aufgabe übertragen, bei der Feier des LEIBNIZschen Jahrestages am 4. Juli 1878 die Festrede zu halten. Infolge Erkrankung konnte AUWERS diese Rede nicht selbst vortragen; das von ihm vorbereitete Manuskript wurde von seinem Vorgänger, EMIL DU BOIS-REYMOND, verlesen und ist leider nicht gedruckt worden. AUWERS hat darin, wie aus einem kurzen Auszug [6] hervorgeht, ausgeführt, „wie auf dem Gebiete der Astronomie die Pläne LEIBNIZENS, durch Zusammenfassung der Ergebnisse zahlreicher in Raum und Zeit auseinander gelegener Forschungen die sonst unübersehbar anschwellende und aus Mangel an Wechselwirkung unfruchtbar bleibende Wissenschaft übersehbar und fruchtbar zu machen, schon der Verwirklichung teilhaftig geworden sind".

Auf diesen Gedanken von LEIBNIZ, „daß ein jeder Mensch alles, was andere Menschen wissen, in einem kurzen Begriff ordentlich zu finden wisse", ist AUWERS 22 Jahre später in seiner Festrede [16] am LEIBNIZtag 1900 anläßlich des 200jährigen Bestehens der Akademie ausführlich zurückgekommen. Drei Jahre vorher hatte F. W. RISTENPART, damals Assistent an der Sternwarte zu Heidelberg, in einem Schreiben an AUWERS den Vorschlag gemacht, für die in der Literatur zerstreuten, zum Teil auch unveröffentlichten Positionen von Fixsternen einen Quellennachweis in Form eines Zettelkatalogs zu schaffen, der zweckmäßig an einer Sternwarte zugänglich sein und ständig auf dem Laufenden gehalten werden sollte. AUWERS wurde durch diese Anregung von RISTENPART veranlaßt, seine schon 1878 dargelegten Gedanken wieder aufzugreifen und zu einem konkreten Plan [17] zu entwickeln, alle seit 1750 angestellten Meridianbeobachtungen von Fixsternen nicht nur quellenmäßig nachzuweisen, sondern ihre Ergebnisse auf ein einheitliches System (Äquinox 1875) zu reduzieren und in gedruckter Form allgemein zugänglich zu machen. Auf Grund einer im Frühjahr 1898 eingereichten Denkschrift von RISTENPART über die Herstellung eines „Thesaurus positionum stellarum affixarum" beschloß die Akademie, zunächst für die Planung und Vorbereitung dieses Unternehmens die erforderlichen Mittel zur Verfügung zu stellen. Dank der energischen Förderung durch AUWERS, der den Vorsitz in einer zur Leitung des Unternehmens berufenen Akademie-Kommission übernahm und die Ziele und Arbeitsweise in allen Einzelheiten sorgfältig ausarbeitete, konnte die Arbeit an dem nunmehr als „Geschichte des Fixsternhimmels" (GFH) bezeichneten Unternehmen [16] bereits 1900 mit der Berufung von RISTENPART als Beamten der Akademie in Berlin beginnen. Auch als RISTENPART im Jahre 1908 einem Ruf nach Santiago folgte, wurde die Arbeit an der GFH nach den Richtlinien und unter Aufsicht von AUWERS in Berlin fortgesetzt. Nach dem Tode von AUWERS (1915) übernahm der Direktor der Sternwarte Babelsberg, HERMANN STRUVE, die Geschäftsführung der für die GFH zuständigen Kommission, der u. a. auch KARL SCHWARZSCHILD angehört hatte. Über den weiteren Verlauf der Arbeit, der durch die Zeitverhältnisse in und nach dem ersten Weltkrieg sehr verzögert und durch den zweiten Weltkrieg zunächst ganz unterbrochen wurde, sei auf die ausführlichen Darstellungen von J. DICK [18] und von G. FELSMANN [21] hingewiesen, unter deren Leitung seit 1949 bzw. 1957 das traditionelle Unternehmen der Berliner Akademie in Babelsberg weitergeführt und 1965 zum Abschluß gebracht wurde. (Ein Teil des während des Krieges verlagerten Materials wurde in Bonn in eingeschränkter Form bearbeitet und veröffentlicht [23].)

A. AUWERS [16] hatte für die GFH zwei Ziele formuliert, nämlich, daß sie „ein ausgedehntes und tragfähiges Fundament für den Ausbau der Mechanik des Sternsystems herstellen und für jedes bekannte seiner Individuen dessen eigene Geschichte so vollständig, als Daten für dieselbe gesammelt sind, in übersichtlicher Darstellung den kommenden Geschlechtern zu weiterem Studium und zur Fortsetzung überliefern" solle. Als das Werk 50 Jahre nach Auwers' Tod vollendet vorlag, war der Nutzen der darin erfaßten älteren Sternkataloge (etwa aus der Zeit vor 1850) fraglich geworden, da sie gegenüber den neueren Katalogen, bei denen dank der Verbesserung der Beobachtungstechnik eine weit höhere Genauigkeit erreicht ist, bei der Ableitung von Eigenbewegungen nur noch mit geringem Gewicht eingehen [22]. Als empirische Grundlagen für die Kinematik des Sternsystems sind daher Auwers' Leistungen für die Schaffung des Fundamentalkatalogs und die Förderung der Zonenkataloge der Astronomischen Gesellschaft von größerer Bedeutung als die Begründung der GFH. Außerdem ist inzwischen die Kenntnis der Radialgeschwindigkeiten eine wesentliche Grundlage für die Dynamik des Sternsystems geworden.

Trotzdem behält die GFH durch die einheitliche Reduktion und vollständige Wiedergabe der älteren Sternpositionen einen großen Wert, und Auwers' Mahnung zur Fortsetzung dieser Arbeit wird durch die modernen Datenspeicher (die auch die astrophysikalischen Parameter und die Radialgeschwindigkeiten erfassen) gründlicher erfüllt, als es mit den mühsamen früheren Hilfsmitteln möglich war.

6. Auwers' Beiträge zur Wissenschaftsorganisation

Arthur Auwers hat außer den Leistungen, die im Vorstehenden gewürdigt wurden, in seiner Stellung als Astronom der Berliner Akademie und als Sekretar ihrer mathematisch-physikalischen Klasse auch wesentlichen Einfluß auf die Organisation ihrer wissenschaftlichen Einrichtungen genommen. Er war Mitglied der Akademie-Kommissionen für das Meteorologische und das Geodätische Institut; wie weit er auf die Arbeit in diesen Nachbarwissenschaften eingewirkt hat, dürfte aber im einzelnen kaum zu verfolgen sein. Ganz wesentlich und aktenmäßig nachweisbar ist jedoch Auwers' Anteil an der Gründung des Astrophysikalischen Observatoriums in Potsdam. Er hat den ursprünglich auf die Errichtung einer Sonnenwarte beschränkten Vorschlag von W. Foerster und K. Schellbach auf die Gründung eines Forschungsinstituts für das Gesamtgebiet der Astrophysik erweitert; er war wesentlich an der Ausarbeitung der Pläne für die bauliche und instrumentelle Ausstattung des neuen Instituts beteiligt, und er hat von 1874 bis 1882 den Vorsitz in dem aus A. Auwers, W. Foerster und G. Kirchhoff bestehenden Direktorium geführt und damit die administrative und wissenschaftliche Leitung innegehabt, bis H. C. Vogel zum Direktor ernannt wurde.

Von dem Recht, als „lesendes Akademiemitglied" Vorlesungen an der Berliner Universität anzukündigen, hat Auwers nur kurze Zeit Gebrauch gemacht. Nach den Vorlesungsverzeichnissen hat er für das Wintersemester 1867/68 das Thema „Über die Bestimmung der Fixsternörter", im folgenden Winter „Über die Doppelsterne", und für das Wintersemester 1869/70 „Ausgewählte Abschnitte der Fixsternkunde" angezeigt. Über das Zustandekommen dieser Vorlesungen liegen jedoch keine Belege vor, und in späteren Jahren dürften ihm seine zahlreichen anderen Aufgaben keine Zeit für eine Lehrtätigkeit gelassen haben.

Außerhalb der Akademie hat Auwers als Mitbegründer (1865), Schriftführer (1865 bis 1874) und Vorsitzender (1881—1890) der Astronomischen Gesellschaft gewirkt und, wie aus den Sitzungsprotokollen hervorgeht, mit großer Aktivität und Autorität ihre Tätigkeit mit gelenkt, bis er wegen Meinungsverschiedenheiten in der Zonenkommission aus der Gesellschaft austrat. Eine seiner ersten Handlungen als Vorsitzender galt der Einflußnahme der Astronomischen Gesellschaft auf die Herausgabe der Astronomischen Nachrichten. Als nach dem Tode ihres langjährigen Herausgebers C. A. F. PETERS die Weiterführung der Zeitschrift gefährdet war, hat AUWERS [7] ein Übereinkommen zwischen dem Preußischen Unterrichtsministerium und dem Vorstande der Astronomischen Gesellschaft geschlossen, das die materielle Existenz und die Erhaltung des wissenschaftlichen Niveaus der Zeitschrift für lange Zeit gesichert hat. HUGO SEELIGER [28] gedenkt in seinem Nachruf auf ARTHUR AUWERS dieses Eingreifens mit den Sätzen: „Auch die Astronomischen Nachrichten haben Grund, den Namen AUWERS in besonderen Ehren zu halten. Wer weiß, ob dieses für die Astronomie unersetzlich gewordene Organ ohne Unterbrechung bis zum heutigen Tage hätte erscheinen können, wenn nicht AUWERS in einem höchst kritischen Moment eingetreten wäre und einen hoffentlich für lange Zeiten ausreichenden Schutz gegen alle widrigen Zufälligkeiten geschaffen hätte.“

Literatur

[1] AUWERS, A., (Druckfehler: ANVERS): Beobachtungen von Sternschnuppen der Juli-Periode in Göttingen, angestellt von den Herren Pape und Winnecke, mitgetheilt durch den Herrn Geheimen Hofrath Gauß. Astron. Nachr. **39**, 113–118 (1854).

[2] AUWERS, Arthur G. F. J.: Untersuchungen über veränderliche Eigenbewegungen. Erster Theil. Inaugural-Dissertation Königsberg 1862.

[3] AUWERS, A.: Antrittsrede in der Berliner Akademie in der öffentlichen Sitzung am 4. Juli 1867. Monatsberichte Akad. Wiss. Berlin **1867**, S. 407–409.

[4] AUWERS, A.: Über eine angebliche Veränderlichkeit des Sonnendurchmessers. Monatsberichte Akad. Wiss. Berlin **1873**, S. 302–360.

[5] AUWERS, A.: Bericht über die Beobachtung des Venusdurchgangs vom 8. December 1874 in Luxor. Math. Abhandl. Akad. Wiss. Berlin **1877**, S. 1–184.

[6] Festrede zur Feier des LEIBNIZischen Jahrestages am 4. Juli 1878 (vorgetragen von E. DU BOIS-REYMOND). Monatsberichte Akad. Wiss. Berlin **1878**, S. 473.

[7] AUWERS, A.: Übereinkommen zwischen dem Königlich Preußischen Unterrichtsministerium und dem Vorstande der Astronomischen Gesellschaft, betr. die Herausgabe der Astronomischen Nachrichten. Vierteljahresschrift Astron. Ges. **16**, 2–4; 265–269; 274 (1881).

[8] AUWERS, A.: Punta Arenas. Festrede am 15. März 1883. Sitzungsberichte Akad. Berlin **1883**, S. 283–311.

[9] AUWERS, A.: Neue Untersuchungen über den Durchmesser der Sonne. Sitzungsberichte Akad. Wiss. Berlin **1886**, II, S. 1055–1126.

[10] AUWERS, A.: Neue Untersuchungen über den Durchmesser der Sonne. II. Die jährliche Ungleichheit des Sonnendurchmessers. Sitzungsberichte Akad. Wiss. Berlin **1887** II, S. 449–486.

[11] AUWERS, A.: Neue Untersuchungen über den Durchmesser der Sonne. III. Die Greenwicher Beobachtungen am Passagen-Instrument 1765–1810. Sitzungsberichte Akad. Wiss. Berlin **1889**, II S. 883–942.

[12] AUWERS, A.: Die Sonnen-Parallaxe nach den Heliometer-Beobachtungen der deutschen Venus-Expeditionen von 1874 und 1882. Astron. Nachr. **128**, 329–338 (1891).

[13] AUWERS, A.: Die Venus-Durchgänge 1874 und 1882. Bericht über die deutschen Beobachtungen. Bd. 1–6, Berlin 1887–1898.

[14] AUWERS, A.: Ergebnisse einer Untersuchung der Bradleyschen Sectorbeobachtungen hinsichtlich der Wahrnehmbarkeit von Polhöhenschwankungen in denselben. Sitzungsberichte Akad. Wiss. Berlin **1895** I, S. 445–448.

[15] Arthur Auwers, David Gill, and W. L. Elkin: A determination of the solar parallax etc. Annals of the Cape Observatory Vol. VI (1897), VII (1896).

[16] Auwers, A.: Festrede zur Feier des Leibnizischen Jahrestages am 28. Juni 1900. Sitzungsberichte Akad. Wiss. Berlin **1900** I, S. 657–669.

[17] Auwers, A.: Geschichte des Fixsternhimmels. Sitzungsberichte Akad. Wiss. Berlin **1901** I, S. 79–89.

[18] Dick, J.: Die Geschichte des Fixsternhimmels. Die Sterne **29**, 129–138 (1953).

[19] Dyson, F. W.: Arthur Auwers. The Observatory **38**, 177–181 (1915)

[20] Eddington, A. S.: Georg Friedrich Julius Arthur Auwers (Obituary). Monthly Notices R. Astron. Soc. **76**, 284–289 (1916).

[21] Felsmann, G.: Sternpositionen aus zwei Jahrhunderten. Die Sterne **42**, 81–91 (1966).

[22] Haas, J.: Über den Nutzen der älteren Sternkataloge. Astron. Nachr. **281**, 23–24 (1952).

[23] Haas, J.: Geschichte des Fixsternhimmels. In: Bericht über einige im Gebiet der Bundesrepublik weitergeführte Unternehmen der Preußischen Akademie der Wissenschaften. Als Manuskript gedruckt. Mainz 1956.

[24] Hartmann, J.: Arthur von Auwers. Nachr. Ges. Wiss. Göttingen **1915**, Geschäftl. Mitt. S. 65 bis 73.

[25] Paschen, F.: Über die Anwendung der Photographie auf die Beobachtung der Vorübergänge der Venus vor der Sonne. Astron. Nachr. **75**, 307–320 (1870); **78**, 169–172 (1871); **79**, 161–194 (1872).

[26] Paetsch, H.: Geschichte des Fixsternhimmels, enthaltend die Sternörter der Kataloge des 18. und 19. Jahrhunderts. Abt. I, Bd. 1 (Vorwort). Karlsruhe 1922.

[27] Repsold, J. A.: Arthur von Auwers (Nekrolog). Vierteljahrsschrift Astron. Ges. **53**, 15–23 (1918)

[28] Seeliger, H.: Arthur v. Auwers. Astron. Nachr. **200**, 185–190 (1915).

Anschrift des Verfassers:

Prof. Dr. habil. Johann Wempe

Zentralinstitut für Astrophysik der Akademie der Wissenschaften der DDR
DDR-15 Potsdam
Telegrafenberg

WILHELM FOERSTER UND DIE GRÜNDUNG DES ASTROPHYSIKALISCHEN OBSERVATORIUMS POTSDAM

Dieter B. Herrmann

Betrachtet man die internationalen Aktivitäten auf dem Gebiet der Institutionalisierung der Astrophysik im letzten Drittel des 19. Jahrhunderts, so springt die zeitliche Koinzidenz der Entstehung astrophysikalischer Forschungsstätten insbesondere in Frankreich, England, Italien und Deutschland ins Auge. Da es in der Wissenschaftsgeschichte auch genügend Beispiele für „Kettenreaktionen" mit zeitlicher Nacheinanderfolge von organisatorischen Ereignissen gibt, verdient dieser Umstand durchaus Beachtung. Die relative Unabhängigkeit der Entstehung astrophysikalischer Forschungsstätten um dieselbe Zeit in verschiedenen Ländern ist ein erstaunlich präziser Ausdruck des Wirkens von Entwicklungsgesetzen der Wissenschaft. Angesichts dieser Umstände verdient die Gründung des Astrophysikalischen Observatoriums Potsdam (AOP) und die Rolle Foersters bei diesem Vorgang keineswegs nur Interesse im Rahmen lokalgeschichtlicher Betrachtungen. Verglichen mit anderen Ländern ragt der große Einsatz Foersters um die Gründung des AOP allein schon deswegen heraus, weil Foerster selbst kein Astrophysiker gewesen ist. Sein eigentliches Arbeitsgebiet war die Astrometrie, weshalb er die Ausstattung der Berliner Sternwarte auch durch wertvolle für Positionsmessungen geeignete Instrumente ergänzte. Direktoren wohletablierter Sternwarten mit ebenso etablierten Arbeitsprogrammen pflegten um jene Zeit meist eher skeptisch über die Zukunftsaussichten der Astrophysik zu denken.

Zweifellos ist das hohe Engagement Foersters für die Institutionalisierung der Astrophysik eine Folge seiner spezifischen Persönlichkeitsstruktur. Er war Vertreter jenes neuen Typus von Wissenschaftlern, die bei vielseitigen Interessen wissenschaftlichen Weitblick, auf eigenen Arbeiten beruhendes Ansehen sowie hohes organisatorisches Talent in sich vereinen und dadurch zum „Motor" der Entwicklung prädestiniert sind. Es sei in diesem Zusammenhang nur an die ähnlich gelagerten Aktivitäten von F. X. v. Zach oder G. E. Hale erinnert.

In welcher Weise hat nun Foerster konkret an der Schaffung des AOP mitgewirkt? Überall begann die Astrophysik nach der ersten wissenschaftlichen Untersuchung des Sonnenspektrums durch Kirchhoff dominierend als Sonnenphysik. Es ist daher auch plausibel, daß die zeitlich frühesten Vorschläge in verschiedenen Ländern auf die Einrichtung von Sonnenforschungsinstituten hinzielten. Einen solchen Vorschlag hat in Deutschland zuerst G. Spörer in einem 1865 an W. Foerster als Schriftführer der „Astronomischen Gesellschaft" (AG) gerichteten Brief unterbreitet [1]. Foerster brachte den Inhalt dieses Schreibens auf der 1. Versammlung der AG 1865 in Leipzig zur Kenntnis der Teilnehmer und diese stimmten „einem von dem Vorsitzenden formulierten Anerkennungsvotum einmüthig" zu, wie es in dem Bericht über die Versammlung heißt

[2]. SPÖRERS Wunsch nach der Einrichtung einer modernen Sonnenwarte wurde allerdings dadurch der Realisierung noch nicht nähergebracht. Jedoch wissen wir — wenn auch ohne genaue Datierung —, daß der Mathematiker SCHELLBACH seinen ehemaligen Schüler, den Kronprinzen, über SPÖRERS Forschungen und ungenügende instrumentelle Ausrüstung informierte. Der Erfolg war, daß SPÖRER ein 5zölliger Refraktor mit parallaktischer Montierung und Uhrwerk zur Verfügung gestellt wurde [3]. Außerdem erhielt SPÖRER von der Akademie der Wissenschaften einen Spektralapparat und von der Berliner Sternwarte leihweise „andere wichtige Apparate" [4]. Es ist mehr als wahrscheinlich, daß bereits diese Aktivitäten zugunsten der Sonnenforschung auf FOERSTER zurückgehen. SCHELLBACH dürfte von FOERSTER hierbei lediglich als Mittelsmann benutzt worden sein. Dafür spricht einerseits die Tatsache, daß SCHELLBACH weder Mitglied der Astronomischen Gesellschaft war [5], noch an der Leipziger Tagung der AG teilgenommen hatte [6]; anderseits verrät ein Schreiben FOERSTERS [7] eine derart intime Kenntnis der Kontakte zwischen SCHELLBACH und dem Kronprinzen, wie sie wohl nur aus der unmittelbaren Berichterstattung SCHELLBACHS stammen konnte. Ist dies zutreffend, dann dürfte letztlich auch die Information über den eigentlichen Kernpunkt des Wunsches von SPÖRER auf Geheiß FOERSTERS durch SCHELLBACH an den Kronprinzen gelangt sein. Die betreffende Stelle in FOERSTERS Brief unterstreicht dies [8]:

„Professor SCHELLBACH hatte vor einiger Zeit Anlaß, dem Kronprinzen von diesen Erfolgen des Prof. SPOERER Mitteilung zu machen und bei dieser Gelegenheit die außerordentliche Bedeutung, welche die Erkenntnis der Erscheinungen der Sonne ... auf die Erde in der neuesten Zeit erlangt hätten, in lebhafter Weise hervorzuheben, sowie zugleich auszusprechen, daß es der deutschen Wissenschaft und der Bedeutung jenes Forschungsgebietes zur Zeit würdig erscheine, womöglich ein besonderes Institut für vollständige und regelmäßige Messungen dieser Art zu begründen".

Als nun schließlich der Kronprinz daraufhin den Direktor der Berliner Sternwarte aufforderte, die Notwendigkeit einer Sonnenwarte, evtl. sogar unter Einschluß eines Projektes, schriftlich zu begründen, entledigte sich FOERSTER dieses Auftrages 1871 durch die Anfertigung jenes vielzitierten Dokuments mit dem zwar langen, aber informativen Titel: „Denkschrift betreffend die Errichtung einer Sonnenwarte d. h. eines Instituts für Beobachtung aller Vorgänge auf der Sonne und ihrer Umgebung, verbunden mit vollständigen und regelmäßigen Messungen aller ihrer unmittelbaren und mittelbaren Einwirkungen auf irdische Zustände, insbesondere mit Registrierung von Beobachtungen des Erdmagnetismus, der Erdströme, der Luft-Elektricität, sowie der Luft- und Boden-Wärme und des Luftdruckes" [9].

Ohne auf den Inhalt dieser inzwischen vollständig publizierten Denkschrift näher einzugehen [10], muß man dieses Dokument als eine außerordentlich wirkungsvolle und geschickt angelegte Darstellung charakterisieren. FOERSTER entwickelt darin nicht nur das historische Werden der Sonnenforschung und das durch eine Reihe damals neuer Entdeckungen gestiegene Interesse der Wissenschaft an der Sonne, sondern verweist auch mehrfach auf den praktischen Nutzen dieser Untersuchungen. Obwohl er beispielsweise nicht von direkt feststellbaren Einflüssen der Sonnenaktivität auf die irdischen Wettervorgänge spricht, meint er doch, daß sich in der Verfolgung dieser Fragen für die fernere Zukunft „ein wichtiges Objekt der Forschung bieten dürfte" [11]. FOERSTER verweist außerdem auf das Interesse, das z. B. die Bergbauabteilung des Handelsministeriums an der Bearbeitung solcher Fragen nehmen könne, und hebt abschließend die Tatsache hervor, daß England in der für Sonnenbeobachtungen und für magnetische

Beobachtungen vorgesehenen Einrichtung in Kew bei London bereits etwas Ähnliches besitzt, man jedoch in Deutschland diese Institution an Vollständigkeit und Zweckmäßigkeit noch übertreffen könne [12]. Es ist aufschlußreich, daß fast zur gleichen Zeit G. B. AIRY in Greenwich an das „Board of Visitors" herantrat und auf die sich entwickelnden astrophysikalischen Forschungen mit dem Ziel aufmerksam machte, diesen neuen Teil der Astronomie in Greenwich zu etablieren. Anders als FOERSTER bedauerte allerdings AIRY diese Entwicklung; lediglich auf äußeren Druck und um die Teilung des Leitungsfonds zwischen Kew und Greenwich zu verhindern, setzte er sich für die Schaffung einer astrophysikalischen Abteilung in Greenwich ein, die anfangs ebenfalls auf Sonnenforschungen orientiert sein sollte [13]. Die FOERSTERsche Denkschrift hatte allerdings ein Gutachten der Akademie der Wissenschaften zur Folge [14], in dem als inhaltlich wichtigste Ergänzung eine Erweiterung auf die *gesamte Astrophysik* gefordert wurde, von der die Sonnenphysik nur einen Teil bilde.

Es kennzeichnet nun wiederum FOERSTERS weit über routinemäßige Pflichterfüllung hinausgehende Rolle bei der Gründung des AOP, daß er sich umgehend mit den Fragen der personellen Besetzung eines solchen Institutes beschäftigte, als er von der Erweiterung des Planes erfahren hatte. Hierbei kam ihm der Umstand zustatten, daß er seit 1863 mit K. F. ZÖLLNER in freundschaftlicher Verbindung stand, der schon 1865 deutlich ausgesprochen hatte, daß bereits alle Elemente zur Bildung eines neuen Zweiges der Astronomie vorhanden seien, für die er den Namen Astrophysik vorschlug [15]. Durch die von ZÖLLNER initiierte Privatsternwarte in Bothkamp bei Kiel war auch bereits eine Keimzelle astrophysikalischer Forschung in Deutschland vorhanden, an der astrophysikalische Ideen, vor allem durch ZÖLLNERS Schüler H. C. VOGEL ausprobiert und zu ersten Erfolgen geführt wurden. Neuerdings gefundene Dokumente [16] beweisen, daß FOERSTER sich im Jahre 1872 von VOGEL die „Skizze zu einem astrophysikalischen Institut" schicken ließ und gleichzeitig mit VOGEL und ZÖLLNER die Frage einer eventuellen Mitarbeit VOGELS an dem neuen Potsdamer Institut erörterte. Als Ergebnis dieser Abmachungen konnte FOERSTER gegenüber der Akademie am 17. Mai 1873 den schriftlichen Vorschlag unterbreiten, neben SPÖRER für die Sonnenforschungen den „ausgezeichnetsten deutschen Beobachter auf dem Felde der Spectralanalyse, Herrn Dr. VOGEL", zu berufen [17].

Als die Vorbereitungen zum astrophysikalischen Observatorium soweit gediehen waren, daß sowohl SPÖRER als auch VOGEL ihre alten Wirkungsstätten verließen und nach Potsdam bzw. Berlin umsiedelten (Juli 1874), entstand ein weiteres Problem: Von dem neuen Observatorium war natürlich außer Zeichnungen um jene Zeit noch nichts vorhanden, so daß den Forschungsarbeiten SPÖRERS und VOGELS eine unerfreuliche Unterbrechung drohte. Während SPÖRER einstweilen den Turm des „Potsdamschen Militairwaisenhauses" zu einer Sonnenwarte umfunktionierte, mußte VOGEL dem Charakter seiner Untersuchungen entsprechend höhere Ansprüche anmelden. Nur die Berliner Sternwarte war in der Lage, die instrumentellen Hilfsmittel bereitzustellen, die für eine Fortsetzung der von ihm in Bothkamp begonnenen Arbeiten erforderlich waren.

Es ist nun wiederum kennzeichnend für FOERSTERS äußerst großzügige Hilfe, daß er VOGEL von sich aus das Angebot machte, als Interimslösung die Instrumente und Räumlichkeiten der Berliner Sternwarte zu benutzen [18]. Obschon der FRAUNHOFERsche Refraktor der Berliner Sternwarte mit dem Großen Refraktor der Sternwarte Bothkamp nicht ganz konkurrieren konnte (mit seinem 22,5-cm-Objektiv gegenüber dem 29,4-cm-

Objektiv in Bothkamp war das Berliner Instrument rund 4 Jahrzehnte älter), so war doch damit immerhin die Möglichkeit der Fortsetzung der spektroskopischen Arbeiten gegeben, die Vogel besonders am Herzen lagen. In dem Bericht, den Vogel hierüber erstattete, heißt es dazu:

„Der Direktor der Berliner Sternwarte hat mir die Zusicherung erteilt, das große Fernrohr derselben an allen günstigen Abenden auf einige Stunden für obige Zwecke zu meiner Disposition stellen zu wollen. Er hat mir erklärt, daß sich diese Benutzung des Fernrohres wohl einrichten lasse, ohne daß dadurch dem Beobachtungsplane der Sternwarte ein merklicher Abbruch geschähe".

Foerster könne in der Tätigkeit Vogels nur eine „sehr willkommene Erweiterung der Ausnutzung der dort vorhandenen instrumentellen Mittel" sehen [19]. Auch die Nutzung sonstiger Apparate und Räumlichkeiten werden ohne „wesentliche Störungen der normalen Arbeiten ablaufen können" [20]. Als Vogel im November 1874 einen kleinen Raum für chemische und physikalische Experimente in der Sternwarte benötigte, erklärte sich Foerster mit dem Umbau eines Kellerraumes einverstanden [21] und schließlich auch damit, daß Vogel seinen langjährigen Bothkamper Mitarbeiter Lohse nach Berlin holte.

Insgesamt arbeitete Vogel fast 3 Jahre (vom 1. Juli 1874 bis zum Frühjahr 1877) in Berlin. In dieser Zeit widmete er sich einerseits den organisatorischen Vorarbeiten für die Inbetriebnahme des AOP, andererseits entstanden aber auch mehrere wissenschaftliche Arbeiten: Die spektralfotometrischen Untersuchungen der Mitte-Rand-Variation der Sonne, mit deren Hilfe Vogel die Absorptionswirkung der Gashülle der Sonne untersuchte, zählen nach Lohses Meinung „mit zu den vollendetsten Leistungen Vogels" [22]. Im Jahre 1876 studierte Vogel die Entwicklung des Spektrums der Nova Cygni und bestätigte den für die Theorie der Novae wichtigen Befund von Huggins aus dem Jahre 1866, daß nach dem Maximum der Helligkeit verstärkt Emissionslinien auftreten. In Berlin schließlich begann Vogel auch seine große Arbeit über das Sonnenspektrum, die später im Band 1 der Potsdamer Publikationen erschien und den früheren Tafeln des Sonnenspektrums deutlich überlegen war, wenn sie auch durch die Arbeiten von Rowland, der bei seinen Untersuchungen Diffraktionsgitter einsetzte, bald überflügelt wurde.

Die Tätigkeit Vogels in Berlin unterstreicht alles in allem, daß es dank Foerster eine kontinuierliche Entwicklung der Forschungsarbeiten Vogels von Bothkamp bis Potsdam gab[1]). Auch später wendete sich Vogel oft um Hilfe an Foerster. Mit dem Hinweis auf die Erfolge der amerikanischen Astrophysik erklärte er z. B. in einem Brief an Foerster (1888): „Was sind die ... Mittel des Potsdamer Instituts gegenüber den enormen Summen, über die z. E. Pickering verfügt! Es wäre gewiß recht gut und dienlich, in weiteren Kreisen diesen Umstand hervorzuheben" [23]. Doch damit sind wir bereits in eine Zeit vorgedrungen, in der die Gründung des Observatoriums längst abgeschlossen war und auch Foersters jahrelange Wirksamkeit als Mitglied des Dreier-Direktoriums (mit Kirchhoff und Auwers) schon der Vergangenheit angehörte.

Über Foersters Tätigkeit in der Vorbereitungsphase des AOP läßt sich zusammenfassend feststellen, daß es ohne seine drängenden Aktivitäten wohl kaum zur Realisierung des Observatoriums innerhalb dieser relativ kurzen Zeitspanne gekommen wäre. Foersters Einsatz für das AOP ist zugleich ein seltenes Beispiel dafür, daß die klassische Astronomie zuweilen auch selbst an ihrer Erweiterung und Umgestaltung bekennerisch mitgewirkt hat und nicht in jedem Fall als hemmender Faktor in Erscheinung trat. Lediglich diesem Umstand ist überhaupt zuzuschreiben, daß man im Rahmen eines Kolloquiums über das Jubiläum der Sternwarte Berlin mit gutem Grund auch über die Vorgeschichte des Astrophysikalischen Observatoriums Potsdam berichten kann.

Literatur

[1] Vierteljahrsschrift der Astronomischen Gesellschaft **1**, 17 (1866).
[2] WEMPE, J.: Zum 100. Jahrestag der Gründung des Astrophysikalischen Observatoriums Potsdam. Die Sterne **52** (1975).
[3] Vierteljahrsschrift der Astronomischen Gesellschaft **1**, 18 (1866).
[4] FOERSTER, W.: Brief an den Minister der geistlichen, Unterrichts- und Medicinalangelegenheiten vom 5. Oktober 1871, Acta betr. die Einrichtung einer Sonnenwarte bei Berlin, Deutsches Zentralarchiv Merseburg, Rep. 76—V c, Sekt. I, Tit. VI, Teil II, Nr. 6, Bd. 1, 1871—1874 (im Folg. abgek.: Acta) Blatt 2 ff.
[5] Vgl. Generalregister sämtlicher Mitglieder der Astronomischen Gesellschaft, in: Generalregister der Jahrgänge 1—25 der Vierteljahrsschrift der Astronomischen Gesellschaft. Von A. v. Tillo, Leipzig 1895, S. 32 ff.
[6] Vgl. Vierteljahrsschrift der Astronomischen Gesellschaft **1**, 5 (1866).
[7] Acta, Blatt 2 ff.
[8] Ebenda, Blatt 2a—3.
[9] Ebenda, Blatt 6.
[10] HERRMANN, D. B.: Zur Vorgeschichte des Astrophysikalischen Observatoriums Potsdam (1865 bis 1874). Astronomische Nachrichten **296**, 249—263 (1975).
[11] Acta, Blatt 8.
[12] Acta, Bl. 12 u. 12a.
[13] MEADOWS, A. J.: The Airy Era, Tercetenary of the Royal Greenwich Observatory, A Paper, Vistas in Astronomy, Vol. 20, vgl. auch MEADOWS, A. J.: Greenwich Observatory, Vol. 2, Recent History (1836—1975) London 1975, pp. 83.
[14] Acta, Bl. 55—57, vgl. auch H.-G. KÖRBER: Jahrbuch 1963 des Adolf-Schmidt-Observatoriums für Erdmagnetismus in Niemegk mit wissenschaftlichen Mitteilungen, 126 (1965).
[15] ZÖLLNER, K. F.: Wissenschaftliche Abhandlungen **4**, Leipzig 1881, S. 702.
[16] ZÖLLNER, K. F.: Brief an W. Foerster vom 11. 7. 1872, Universitätsbibliothek Leipzig, Handschriftenabteilung, Nachlaß Moog.
[17] Acta, Bl. 28 f.
[18] Acta, Bl. 83.
[19] Acta, Bl. 84/85.
[20] Acta, Bl. 86.
[21] Acta, Bl. 232.
[22] LOHSE, O.: Hermann Carl Vogel. Vierteljahrsschrift der Astronomischen Gesellschaft **42**, 328 (1907).
[23] VOGEL, H. C.: Brief an W. Foerster vom 16. 11. 1888, Zentrales Archiv der Akademie der Wissenschaften der DDR, Nachlaß Foerster.

Anschrift des Verfassers:

Dr. Dieter B. Herrmann
Archenhold-Sternwarte
DDR - 1193 Berlin
Alt-Treptow 1

Anmerkung

[1]) Vogel war knapp drei Jahre Direktor des AOP, als Foerster ihn darum ersuchte, gleichsam eine „Gegenleistung“ zu erbringen, indem er ihn bat, Räumlichkeiten des Observatoriums für Zwecke der physikalischen Forschung zur Verfügung zu stellen. Es muß für Foerster enttäuschend gewesen sein, von Vogel bei dieser Gelegenheit zu hören, er habe bisher „keinerlei Vortheile, sondern nur sehr empfindliche Störungen beobachten“ können. Er sei infolgedessen nur sehr schwer zu bewegen, jemandem „die Erlaubnis zu ertheilen, Arbeiten in den räumlich sehr beschränkten, für allgemeine physikalische Arbeiten wenig geeigneten, nur für den Eingeweihten bestimmten Laboratorien auszuführen“ (Vogel an Foerster, 1. November 1885, Nachlaß Foerster, siehe [23]). Negativ entschied Vogel auch Foersters Wunsch, dem Entdecker der Kanalstrahlen, E. Goldstein, im AOP eine Arbeitsmöglichkeit zu verschaffen. Er könne von dessen Experimenten „beim besten Willen ihre Bedeutung für Astrophysik nicht herausfinden“. Noch weniger könne er den Grund dafür einsehen, „weshalb gerade das Astrophysikalische Observatorium zur Unterstützung des Mannes beitragen solle ... Bisher habe ich Jeden, der sich für Astrophysik interessierte mit Rat und Tat zu unterstützen gesucht, von Herrn Goldstein muß ich aber annehmen, daß er kein sonderliches Interesse für Astrophysik hat, denn in den letzten drei Jahren hat er sich nicht ein einziges Mal in Potsdam sehen lassen, u. wenn er irgendwelchen Zusammenhang seiner Experimente mit der Astronomie vermuthete, wäre es doch selbstverständlich gewesen, wenn er engere Verbindung mit dem Potsdamer Institut gesucht hätte.“ (Vogel an Foerster, siehe oben).

WILHELM FOERSTERS VERDIENSTE UM DIE WISSENSCHAFTSORGANISATION

Hans Oleak

Wilhelm Foersters Tätigkeit fiel in eine Zeitepoche, in der in Deutschland, beim Übergang vom Kapitalismus zum Imperialismus, nach der industriellen Revolution die Warenproduktion sprunghaft anstieg. Wissenschaft und Technik entwickelten ich hierbei zur Produktivkraft und wurden ein wichtiger Faktor in der Wirtschaft. Eine notwendige Voraussetzung für die maschinelle Großproduktion, die eine starke Arbeitsteilung bedingt und vor den Ländergrenzen der vielen Kleinstaaten Europas nicht haltmachen konnte, war ein einheitliches System der Maße. Es genügte nicht, dieses zu vereinbaren, sondern die vereinbarten Maßeinheiten mußten jederzeit überall zur Verfügung stehen, bzw. mit erforderlicher Genauigkeit reproduziert werden können. Hierzu bedurfte es eines ausgefeilten Meßwesens, bei dem physikalische Gesetze für neue Meßprinzipien ausgenutzt werden mußten. Das wirkte sich natürlich sehr befruchtend auf die physikalische Grundlagenforschung und in der Anwendung auf Präzisionsmechanik und Optik aus.

Man muß diesen gesellschaftlichen Hintergrund vor Augen haben, um Foersters Wirken gebührend einschätzen zu können. Als Astronom hatte er unmittelbar Berührung mit den Problemen der Präzisionsmeßtechnik. Als Student unter Argelander an der Universität Bonn von 1852 bis 1854, ab 1855 zunächst als zweiter Assistent an der Berliner Sternwarte unter Encke und schließlich ab 1863 als interimistischer Leiter und ab 1865 als Direktor der Sternwarte, war er naturgemäß u. a. mit folgenden Aufgaben vertraut gemacht worden: Zeitdienst (diese Arbeitsaufgabe hat ihn als erster Assistent der Sternwarte Berlin zeitweise Tag und Nacht beschäftigt, so daß ihm wenig Freizeit blieb, wie er später selbst bemerkte); mitteleuropäische Gradmessung, die später zur internationalen Erdmessung erweitert wurde; Überwachung der erdmagnetischen Erscheinungen, eine Aufgabe, die seit 1839 besonders zu den sogenannten magnetischen Terminen auf Vorschlag von Alexander von Humboldt und Gauss als internationales Unternehmen durchgeführt wurde. Solche und ähnliche Aufgaben konnten nur erfolgreich bearbeitet werden, wenn das Instrumentarium ständig auf dem technisch neuesten Stand gehalten wurde. Foersters Vertrautheit mit der Technik mußte wohl vom Elternhaus herrühren, denn Schule und Universität — außer bei Argelander in Bonn — hatten hieran wohl wenig Anteil. Im Betrieb seines Vaters, des Tuchfabrikanten, erfaßte und durchschaute sein kindlicher Verstand sicher noch die damals einfachen Maschinen und ihre Wirkungsweise.

Foersters erste Aufgabe nach Übernahme der Sternwarte als Direktor war es, das etwas vernachlässigte Instrumentarium zu erneuern. Der Fraunhofer-Refraktor, mit dem Galle den Planeten Neptun entdeckt hatte, wurde modernisiert. Im Jahre

1866 gab er bei Pistor und Martin einen großen 7-Zoll-Meridiankreis in Auftrag, der ganz nach Foersters bisherigen praktischen Erfahrungen gebaut werden sollte. Das Instrument wurde 1868 aufgestellt und erwies sich als vollkommen. (Dies konnte 100 Jahre später noch einmal bekräftigt werden: Die Untersuchungen des Meridiankreises durch Liebert ergaben, daß er auch heute noch von hervorragener Güte ist [1].) Foerster ließ die Uhr in der Sternwarte mit elektrischen Kontakten versehen und zu verabredeten Zeiten genaue Zeitsignale von einem 1863 verlegten Kabel zur Berliner Zentraltelegrafenstation übertragen. Das war der Anfang des öffentlichen Zeitdienstes.

Aber diese und ähnliche technische Neuerungen waren nur die eine Seite von Foersters Bemühen, einen zeitgemäßen Forschungsbetrieb aufzuziehen. Sie durften nicht Selbstzweck bleiben, sondern mußten sich seiner Konzeption über die Arbeit der Sternwarte, d. h. dem 1868 von ihm aufgestellten Arbeitsplan unterordnen. Gemäß den damaligen Gegebenheiten umfaßte dieser Arbeitsplan für die Sternwarte die Gebiete der Astrometrie. Er war langfristig angelegt und hat sich in dieser Hinsicht bewährt. Es zeugt von der Weitsicht Foersters, daß er auch der astrophysikalischen Forschung, die unmittelbar zu betreiben er sich gemäß seiner Ausbildung und seinen Kenntnissen wohl nicht für kompetent hielt, einen revolutionären Anstoß durch die Denkschrift zur Errichtung einer Sonnenwarte im Jahre 1871 gab, die schließlich zur Gründung des Astrophysikalischen Observatoriums führte. Aber auch im eigenen Institut schuf er die Voraussetzung zu einer bescheidenen physikalischen Forschung durch Einrichtung eines physikalischen Labors, wo Goldstein die Kanalstrahlen entdecken sollte. Noch eine Institutsgründung darf nicht unerwähnt bleiben:

1874 schuf Foerster das selbständige Astronomische Recheninstitut aus der Erkenntnis über klare Arbeitsteilung und genau abgegrenzte Kompetenzen. In der Gestaltung des von Bode gegründeten Berliner Astronomischen Jahrbuches und der Berechnung einer Vielzahl von Bahnen kleiner Planeten hat dieses Institut in der von Foerster konzipierten Form nahezu ein Jahrhundert lang wertvolle Arbeit geleistet. (Der zweite Weltkrieg teilte das Institut; ein Teil wurde wieder von der Sternwarte — jetzt in Babelsberg — übernommen, der andere Teil wurde nach Heidelberg verlegt.)

Von Foersters praktischem Organisationstalent sprechen die Vorbereitung der Expeditionen zur Beobachtung der totalen Sonnenfinsternis am 18. August 1868 und sein Anteil an der Expedition zur Beobachtung des Venusdurchgangs im Dezember 1874.

Unvergessen ist Foersters Anteil an der Organisation des Maß- und Gewichtswesens. Wie zu Beginn erwähnt, war die Schaffung eines einheitlichen Maßsystems im Zentrum Europas, wo sich die Produktion auf einem hohen technischen Niveau zu verzahnen begann, eine objektive Forderung der Produktivkräfte geworden. Die Empfehlung für die Einführung des metrischen Systems ging von der 2. Generalkonferenz der mitteleuropäischen Gradmessung 1867 in Berlin aus, an der Foerster regen Anteil hatte. Es ist als Kuriosum zu erwähnen, daß sich für Preußen die Berliner Akademie gegen das metrische Längenmaß aussprach. Der Grund war Bessels nachhaltiger Einfluß in der Akademie. Man wollte das von ihm fundierte preußische Urmaß von 3 Fuß Länge gern beibehalten, über das sehr genaue wissenschaftliche Untersuchungen von seiner Seite aus vorlagen. Foerster war bekanntlich nicht Mitglied der Akademie; auch die Sternwarte unterstand ihr seit seinem Amtsantritt nicht mehr, sondern war eine Universitätseinrichtung geworden. Dies erleichterte sicher seine Stellung in dieser Frage. Das metrische System wurde 1868 vom Norddeutschen Bund gesetzlich beschlossen und 1870 eingeführt. Die Aufgabe der gesetzlichen Durchführung und der ständigen wissenschaftlichen Kontrolle des Maß- und Gewichtswesens fiel der 1868 geschaffenen Normal-Eichungs-Kommission des Norddeutschen Bundes zu, zu deren Direktor FOERSTER ernannt wurde. (Dieses Institut wurde später in Reichsanstalt für Maße und Gewichte umbenannt, in der DDR ist es heute das Amt für Standardisierung, Meßwesen und Warenprüfung.)

Bei der Schaffung der internationalen Organisation des Maß- und Gewichtswesens war FOERSTER maßgeblich beteiligt. Auf seinen Vorschlag hin wurde die internationale Verwaltungsstelle dieser Organisation in Paris angesiedelt, wo das metrische System entstanden war. Vorher mußten durch geschickte Verhandlungen die Widerstände der französischen Zentralstelle, die auf die zu schaffende Einrichtung einen maßgeblichen Einfluß zu erlangen suchte, gebrochen werden. 1875 kam schließlich die Pariser Meterkonvention zustande. FOERSTER wurde in das leitende internationale Komitee und 1891 zu dessen Vorsitzendem gewählt. Diese Funktion übte er bis nach dem Ende des ersten Weltkrieges aus, was für sein hohes wissenschaftliches und menschliches Ansehen auf internationaler Ebene spricht.

FOERSTER erkannte auch, daß es nicht allein damit getan war, durch Übereinkunft und Verordnung ein verbindliches System der Maße einzuführen. Es galt vor allem, die Präzisionstechnik zu beleben und zu entwickeln.

Hier sind vor allem zwei Initiativen zu erwähnen, die sicher dazu beitrugen, daß in Deutschland die Feinmechanik und Optik sehr rasch einen hohen Stand erreichte.

FOERSTER erwirkte 1884 von der preußischen Regierung eine staatliche Unterstützung für die Versuche zur Herstellung optischer Gläser in den Werken Zeiss und Schott in Jena.

Im Verein, u. a. mit HELMHOLTZ, ABBE, später WERNER VON SIEMENS, bemühte sich FOERSTER ab 1874 um die Schaffung einer Institution, in der naturwissenschaftliche Forschung für technische Zwecke, also letztlich zum Nutzen der Wirtschaft betrieben werden sollte. Sie sollte die gewerbliche Präzisionstechnik durch ständige wissenschaftliche Untersuchungen unterstützen. Solche

„wissenschaftlichen Arbeiten können unmöglich sofort wirtschaftlich produktiv sein; sie sind es am letzten Ende bei der Anwendung der Instrumente in höchstem Grade, aber sie verlangen oft jahrelang Opfer an selbstloser Hingebung und Geldmittel, bevor sich irgendeine positive, wirtschaftliche Bilanz der Arbeit ergibt,“ [2].

Auf Grund der von FOERSTER, HELMHOLTZ und SIEMENS erarbeiteten Denkschriften wurde schließlich 1887 die Physikalisch-Technische Reichsanstalt gegründet.

Gerade diese Beispiele zeigen, mit welchem Weitblick FOERSTER Entwicklungstendenzen der Wissenschaft und Technik erkannte und mit welchem Geschick und unermüdlichen Einsatz er es auch verstand, eine materielle Basis für ihre Entfaltung zu schaffen. Seine Argumente überzeugten und waren von fundierten Kenntnissen und Erfahrungen getragen.

Es würde zu weit führen, Vollständigkeit in der Schilderung von FOERSTERS wissenschaftsorganisatorischer Tätigkeit zu erzielen. Wir erwähnen hier die koordinierte Beobachtung der Lageänderung der Rotationsachse der Erde von verschiedenen Stellen des Erdballs aus. Ferner sei an die Organisation der Zeitregelung, seinen Einsatz um eine Reform des Kalenders und die Gründung einer Vereinigung für Chronometrie erinnert [3],

„welche sich die Aufgabe stellte, die Sternwarte und die Uhrmacherschulen, sowie die bedeutendsten deutschen Werkstätten für Präzisionsuhren und Schiffschronometer zur Pflege gemeinsamer Einrichtungen, insbesondere zur Hebung und zur Unabhängigmachung der deutschen Fabrikation der Schiffschronometer ... zu vereinigen."

Zu Foersters Verdiensten zählt seine rund ein halbes Jahrhundert dauernde akademische Lehrtätigkeit (1891/92 bekleidete er das Amt des Rektors der Berliner Universität). Parallel zu dieser Lehrtätigkeit an der Universität begann er bereits 1860 mit populärwissenschaftlichen Vorträgen, zunächst in der Singakademie. In den Jahren 1888/89 gründete er schließlich gemeinsam mit Wilhelm Meyer die Urania. Gerade diese populärwissenschaftliche Tätigkeit in Wort und Schrift war ihm ein besonderes Anliegen. Er schrieb selbst, daß sich aus dem lebhaften Wunsch, interessierte Laien mit dem Anblick des Himmels vertrautzumachen, die Aufgabe für eine höhere Pflege der Präzisionstechnik entwickelte [4],

„überhaupt für die Pflege des Interesses der breiteren Volksschichten an der Entwicklung der wissenschaftlichen Forschung, und zwar durch Darbietung von astronomischen, physikalischen, chemischen Präzisions- und Experimentiereinrichtungen, nicht nur zur Beschauung, sondern auch zur Handhabung und Erprobung."

In diesen Äußerungen erkennt man nicht nur das Bemühen, die Tradition Alexander von Humboldts an der Berliner Sternwarte fortzusetzen, sondern hier klingt bereits die Erkenntnis an, daß Wissenschaft ein wichtiger gesellschaftlicher Faktor ist.

Aus Foersters Feder stammen nicht sehr viele eigene wissenschaftliche Arbeiten, gemessen an der Zeitspanne seiner Tätigkeit im Dienst der Wissenschaft. Seine schöpferischen Fähigkeiten haben sich aber breit entfalten können, indem er nicht nur Forschungsarbeiten, die letztlich in die Geschichte der Astronomie eingingen, in seinem eigenen Institut förderte und hierfür die technischen und materiellen Voraussetzungen konzipierte und verwirklichte, sondern indem er auch sein spezielles Wissen und seine Erfahrung mit einem ausgeprägten Spürsinn für die Entwicklungstendenzen in der Wissenschaft, in der Gesellschaft uneingeschränkt einsetzte. Ihm kam hierbei sicher auch zugute, daß er allein von seiner Persönlichkeit her ein hohes Ansehen genoß. Er war ein Vertreter des progressiven Bürgertums. Sein Eintreten für Frieden und Humanismus hat ihn über die Grenzen Deutschlands hinaus bekanntgemacht. Mit den demokratischen Strömungen im reaktionären Preußen des vergangenen Jahrhunderts war er bereits während der Revolution von 1848 vertraut gemacht worden, die er als Gymnasiast in Breslau bewußt miterlebte. Er vertrat damals die revolutionären Ideen einer kollektiven Mitverwaltung der Schüler und befürwortete eine Reform des Examinationswesens, das künftig die Beurteilung des Reifegrades eines Absolventen nicht allein den Lehrern überlassen sollte, sondern im Kollektiv der Mitschüler zu erarbeiten sei. Sein Pazifismus und Humanismus entfaltete sich in der (allerdings teilweise utopistischen) ethischen Bewegung und ihrer Organisation, dem ethischen Bund, für den er in den letzten Lebensjahren aktiv tätig war.

Literatur

[1] LIEBERT, J.: Beiträge zur Untersuchung des Babelsberger Meridiankreises. Veröff. ZI Physik der Erde Nr. 27, Potsdam 1973,
[2] FOERSTER, W.: Lebenserinnerungen und Lebenshoffnungen. Berlin 1911, S. 162–163.
[3] Ebd. S. 266–267.
[4] Ebd. S. 199.

Anschrift des Verfassers:

Dr. sc. Hans Oleak

Zentralinstitut für Astrophysik der Akademie der Wissenschaften der DDR
Sternwarte Babelsberg
DDR-1502 Potsdam-Babelsberg
Rosa-Luxemburg-Str. 17a

FRIEDRICH KÜSTNER ALS OBSERVATOR AN DER BERLINER STERNWARTE

Hans-Ullrich Sandig

Unter den Observatoren der Berliner Sternwarte im letzten Viertel des 19. Jahrhunderts ragt Friedrich Küstner heraus, obwohl er insgesamt nur 10 Jahre dort tätig war und bei seinem Weggang nach Bonn erst das 35. Lebensjahr vollendet hatte. In seine Berliner Zeit fällt seine Aufsehen erregende Entdeckung der Polhöhenschwankungen oder — präziser ausgedrückt — ihr sicherer Nachweis. Merkwürdigerweise hat das Phänomen *selbst* Küstner weniger interessiert, und seine Bemühungen galten vor allem den Beobachtungsmethoden und -verfahren, die fehlergünstige Ergebnisse liefern, die insbesondere möglichst frei von systematischen Fehlern sein sollten. Schon in seiner Berliner Zeit war es Küstners Hauptanliegen, in einem allgemein angenommenen Koordinatensystem definierte Meridiankreiskataloge zu beobachten, was er durch Einbindung der Beobachtungen in das Fundamentalsystem von Auwers zu erreichen suchte. So entstanden in Berlin (und später in Bonn) mustergültige und weltweit anerkannte Koordinatenverzeichnisse von fast 20000 Sternen, deren Wert für die Definition eines fundamentalen Koordinatensystems auch in unseren Tagen noch von großer Bedeutung ist.

Küstners Lebenszeit währte von 1856 bis 1936 [1]. Schon früh war er naturwissenschaftlich interessiert. Als Sohn eines Maurers in Görlitz geboren und aufgewachsen, lagen ihm jedoch die Steine zunächst näher als die Sterne, und er hatte die Absicht, Geologie zu studieren. Als er 1875 die Berliner Universität bezog, hatte er diese Absicht jedoch bereits geändert, und er wandte sich dem Studium der Mathematik und Astronomie zu. Bereits im folgenden Jahr immatrikulierte er sich in Straßburg, wo damals Winnecke die Astronomie vertrat und sein Lehrer wurde. Bereits 1879 schloß er sein Studium dort mit der Promotion ab. Aus allen ihm erreichbaren, zwischen 1836 und 1876 beobachteten Sternbedeckungen durch den Mond leitete er in seiner Dissertation einen verbesserten Wert für den Radius des Mondes ab. Schon bei dieser Arbeit ging er sehr kritisch an die Beurteilung des Beobachtungsmaterials heran und suchte alle systematischen Fehler nach Möglichkeiten zu ermitteln und zu eliminieren.

Unmittelbar nach seiner Promotion wurde Küstner für drei Jahre als „Volontär-Assistent" Mitarbeiter der Berliner Sternwarte, die damals von Wilhelm Förster geleitet wurde. Es erschienen während dieser seiner ersten Berliner Jahre eine ganze Reihe von Beobachtungsergebnissen in den „Astronomischen Nachrichten": Beobachtungen von kleinen Planeten, Kometen, Sternbedeckungen sowie hierfür ein Katalog von Anhaltsternen, beobachtet am kleinen Meridiankreis der Sternwarte (von Pistor), wobei er bereits auf eine enge Verbindung mit dem System des Auwersschen Fundamental-Catalogs (FC) achtete.

1882 begleitete KÜSTNER — auf Empfehlung seines Lehrers WINNECKE — den Akademie-Astronomen AUWERS nach Punta Arenas an der Magellanschen Straße im äußersten Süden Argentiniens, wo der Vorübergang des Planeten Venus vor der Sonnenscheibe beobachtet wurde. In Verbindung mit weiter nördlich gelegenen Stationen sollte die Parallaxe der Venus bestimmt und daraus die Sonnenparallaxe, d. h. die Entfernung Erde—Sonne, die sogenannte Astronomische Einheit, abgeleitet werden. Diese Methode bewährte sich freilich nicht. Wegen großer systematischer Beobachtungsfehler, die vor allem in den enormen Helligkeitskontrasten ihre Ursache hatten, führte sie zu Resultaten, die mit systematischen Fehlern behaftet waren.

Obwohl schon 1874 vier deutsche Expeditionen zur Beobachtung des ersten Venusdurchganges im 19. Jahrhundert mit einem Kostenaufwand von 0,6 Mio Goldmark ausgerüstet und entsandt worden waren, die sehr widersprüchliche Ergebnisse zeitigten, glaubte man, die Fehlerquellen erkannt zu haben und sie bei einer Beobachtung des zweiten Venusvorübergangs vor der Sonne 1882 vermeiden zu können. Wiederum wurden vier deutsche Expeditionen entsandt, die Kosten waren etwas niedriger. Die Ergebnisse standen jedoch ebenfalls in keinem günstigen Verhältnis zum Aufwand. Die Ein- und Austrittsbeobachtungen waren wiederum unbrauchbar, aus den Heliometerbeobachtungen errechnete man ein Endergebnis, das zwar den damals schon ganz gut bekannten Wert für die Sonnenparallaxe bestätigte, insbesondere gegenüber ENCKES abweichendem Wert. Der innere mittlere Fehler konnte 1882 durch Berücksichtigung der 1874 gewonnenen Erfahrungen für die Heliometermessungen zwar auf die Hälfte gedrückt werden auf $\pm 0\overset{''}{.}037$, der errechnete Wert war jedoch mit $8\overset{''}{.}879$ für die Sonnenparallaxe um $0\overset{''}{.}085$ zu groß gegenüber dem heute angenommenen besten Wert von $8\overset{''}{.}794$. Diese Differenz liegt freilich noch innerhalb des dreifachen Wertes des oben angegebenen mittleren Fehlers. Der ungeheure Aufwand, der getrieben worden war und der in 6 großen Folianten, jeder zu etwa 600 Seiten, seinen Niederschlag gefunden hat, hatte sich wenig gelohnt. Die gesamte Leitung hatte in den Händen von AUWERS gelegen, der auch die Herausgabe der 6 Folianten [2] besorgte, in denen nicht nur alle Beobachtungen in extenso, sondern auch alle amtlichen Schreiben, die Instruktionen für die Beobachter, der Briefwechsel zwischen dem Vorsitzenden und den Commissions-Mitgliedern, die Kostenanschläge und — sehr amüsant zu lesen — die Reisetagebücher abgedruckt sind. Die Mühen der Vorbereitungen und die Schwierigkeiten, mit denen vor allem die Expedition nach Punta Arenas, an der KÜSTNER teilnahm, zu kämpfen hatte, insbesondere durch die vielen Stürme und die niedrigen Temperaturen, waren enorm.

Nach seiner Rückkehr von Südamerika war KÜSTNER einige Zeit an der Hamburger Sternwarte als Observator angestellt; doch existiert über die Arbeiten dieser Zeit anscheinend kein literarischer Niederschlag. Wahrscheinlich hat er sich hauptsächlich mit dem Expeditionsmaterial beschäftigt. Von 1884 bis zu seiner Berufung als ord. Professor und Direktor der Sternwarte der Universität Bonn im Jahre 1891 war KÜSTNER Observator an der Berliner Universitätssternwarte. Diese Zeit ist für seine wissenschaftlichen Leistungen entscheidend gewesen: Für seine epochemachende Beobachtungs- und Reduktionskunst, die später als KÜSTNERsche oder Bonner Schule gerühmt wird, hat er in seinen sieben Berliner Observatorjahren die Methoden entwickelt.

Gleich seine erste größere Arbeit [3], die er in Berlin begann, führte zu dem erwähnten Nachweis der schon 100 Jahre früher von EULER theoretisch abgehandelten Bewegungen der Rotationsachse im Erdkörper. Dabei war dies gar nicht das Ziel von KÜSTNERS

Arbeit gewesen, er wollte vielmehr die Aberrationskonstante neu bestimmen und die Unstimmigkeiten beseitigen, die zwischen den Werten von W. STRUVE (20.″445) und NYRÉN (20.″495), mit einem halben Zehntel Bogensekunde also, bestanden. Beide Autoren hatten in Pulkowo aus jeweils umfangreichem Material diese unterschiedlichen Werte erhalten. (Nebenbei: Der heute international angenommene Wert ist mit 20.″496 praktisch mit NYRÉNS Wert identisch!)

KÜSTNER bedauerte zunächst, daß seine Absicht fehlschlug, mit der sehr präzisen Methode von HORREBOW die Aberrationskonstante zu bestimmen. Bei diesem Verfahren wird für kurz nacheinander in etwa gleicher Zenitdistanz im Norden und im Süden kulminierende Sterne die Zenitdistanzdifferenz mikrometrisch gemessen und dabei der Bezug zum Zenit mit zwei parallelen Libellen in den beiden Lagen des Fernrohrs — nach N und nach S — hergestellt. Die Libellen werden jeweils für ein Sternpaar mit dem Fernrohr fest verbunden.

KÜSTNER erkannte selbstverständlich die Wichtigkeit des Nachweises der Inkonstanz der Lage der Rotationsachse der Erde im Erdkörper, und er hat auf den einwandfreien Nachweis mit den zugehörigen fehlertheoretischen Betrachtungen deshalb besondere Sorgfalt verwendet. Er stellte fest, daß die Polhöhe von Berlin im Frühjahr 1884 um 0.″204 ± 0.″025 größer gewesen ist als im Frühjahr 1885. Obwohl dies deutlich nicht die größte Amplitude der Schwankungen war, vertrat KÜSTNER die Ansicht, daß es wichtiger war, für den Zweck eines untrüglichen Nachweises alle irgendwie bekannten oder möglichen Fehlerquellen weitgehend auszuschalten, bevor die Form der Kurve nach Periode und Amplitude usw. zu untersuchen war. In Astron. Nachrichten **125**, 273 (1890) schreibt er:

„Ich beschränkte mich absichtlich damals, wo es sich um den ersten, möglichst streng zu führenden Nachweis einer solchen (Polhöhenschwankung) handelte, auf die Vergleichung der zu diesen beiden Epochen (Frühjahr 1884 und Frühjahr 1885) beobachteten Werte, weil sich dieselbe unabhängig von einem Fehler in der angewandten Aberrationskonstanten, von den Parallaxen der Sterne und von dem Einfluß der Temperatur auf das Instrument führen ließ, und weil ferner dadurch, daß nur solche Beobachtungen miteinander verglichen wurden, die unter genau den gleichen Umständen zu derselben Jahres- und Tageszeit angestellt waren, auch dem Einwande, daß die in der Polhöhe hervorgetretene Differenz durch anhaltende systematische Störungen der Refraktion, oder durch Abhängigkeit der Bisection der Sterne von der Helligkeit des Hintergrundes und dgl. verursacht sein könnten, der Boden entzogen war.“

Etwas erstaunlich ist es, daß KÜSTNER — wie erwähnt — nach diesem Nachweis der Polhöhenschwankung das weitere Interesse an dieser Erscheinung weitgehend verloren zu haben schien. In einer weiteren Arbeit beschäftigt er sich damit, wie man die Aberrationskonstante frei von Einflüssen der Polhöhenschwankung mit der HORREBOW-Methode bestimmen kann [4].

Fragen der Dauer des Umlaufs der Rotationsachse um die Figuren- oder Trägheitsachse wie sie CHANDLER, NYRÉN und andere beschäftigten, suchen wir in seinen Arbeiten vergebens oder finden sie — nur am Rande vermerkt — als Ergebnis anderer Autoren. Unter diesen anderen Beobachtungsreihen sei nur die berühmte Expedition nach Honolulu erwähnt, die von der Internationalen Gradmessungskommission auf Anregung von HELMERT entsandt wurde. Sie umfaßte gleichzeitige Beobachtungen an drei mitteleuropäischen Stationen (Berlin, Prag und Straßburg) einerseits und auf der Hawai-Insel andererseits, wohin Dr. MARCUSE mit dem heute noch im Zentralinstitut für Physik der Erde vorhandenen Zenitteleskop entsandt wurde. Der spiegelbildliche Verlauf der Polhöhenschwankungen war der endgültige Beweis ihrer Natur im Sinne von Eulers Voraussage. Abbildung 1 zeigt die Kurven, aus denen man genähert die Chandlersche Periode von 430 Tagen ablesen kann, die zeigt, daß die Erde kein starrer Körper ist, für den Euler 305 Tage Periodenlänge berechnet hatte.

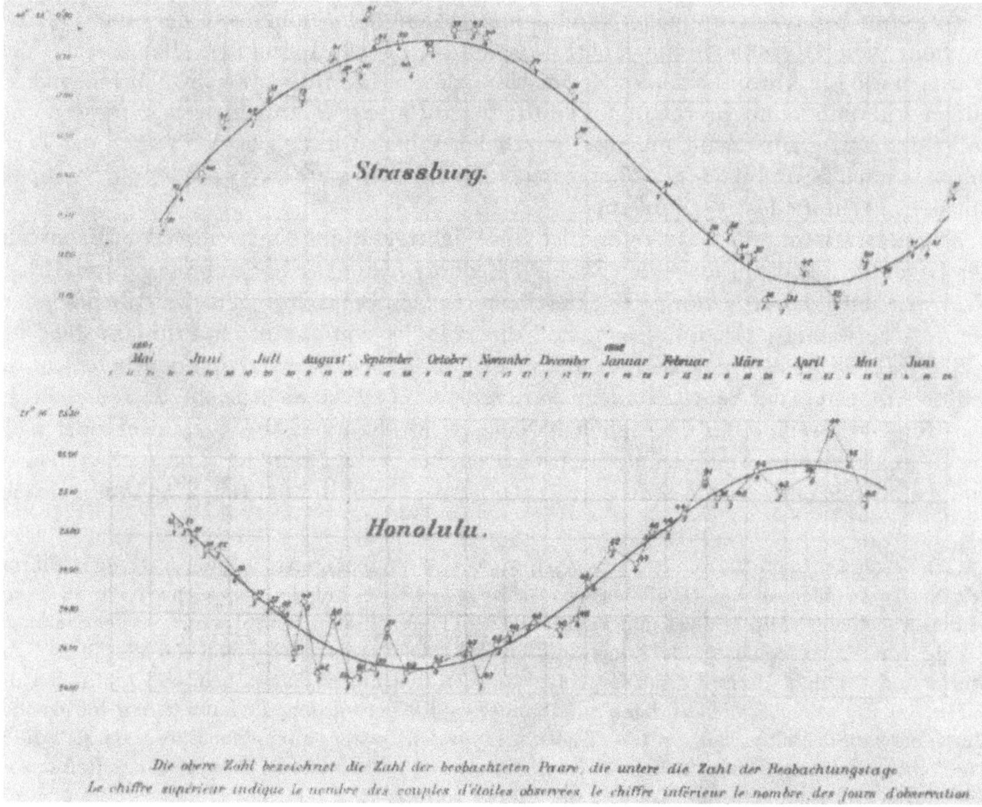

Abb. 1: Verlauf der Polhöhenschwankungen

Küstners Interesse galt — wie wir sahen — in seiner Frühzeit vornehmlich den astronomischen Konstanten (Mondradius, Sonnenparallaxe, Aberrationskonstante). Ab 1885/86 wendet Küstner sich nun der Verbesserung der Koordinaten und Eigenbewegungen der schwächeren Sterne durch wiederholte und sehr umfangreiche Meridiankreis-Kataloge zu, die zu seiner Lebensaufgabe werden und ihn zu einem Meister, ja vielleicht zu *dem* Meister der klassischen Meridiankreisastronomie werden ließen. Noch in Berlin beobachtet er einen Katalog von 670 Anschlußsternen für Kometen- und Planetenbeobachtungen, und sodann beteiligt er sich vor allem an der Beobachtung für die Anhaltsterne für die kleinen Planeten Iris, Viktoria und Sappho, deren Oppositionen 1888 bzw. 1889 für eine Bestimmung der Sonnenparallaxe ausgenutzt werden sollten. An der Beobachtung dieser Anhaltsterne, die Gill, der damalige Direktor der Kapstädter Sternwarte, zusammengestellt hatte, beteiligten sich zahlreiche Sternwarten.

Die Beobachtungen wurden von AUWERS bearbeitet, und es ist in diesem Zusammenhang bemerkenswert, daß AUWERS den KÜSTNERschen Beobachtungen bei der Katalogbildung das Gewicht 7 gab. Keiner der übrigen Beobachter erreichte KÜSTNER; das Durchschnittsgewicht betrug nur 1,5, ein objektiver Beweis für die Beobachtungsgenauigkeit, besser für die Beobachtungskunst von FRIEDRICH KÜSTNER bereits in seiner Berliner Zeit. Nebenbei spricht das hohe Gewicht natürlich auch für die Güte des Instruments, nämlich des PISTOR- und MARTINSschen Meridiankreises, desselben Instrumentes, das heute noch in Babelsberg in dem nördlichen Meridianhaus steht und von dem J. LIEBERT vor drei Jahren zeigen konnte [5], daß es noch immer in der Hand eines geschickten Beobachters sehr gute Ergebnisse liefert.

Das Ziel seiner Arbeiten, welches KÜSTNER bereits in Berlin vorschwebte, war ein Katalog der Örter von zahlreichen über den ganzen Himmel verteilten Sternen sehr unterschiedlicher Helligkeiten, von der vierten bis zur zehnten Größe, im System des Fundamentalkataloges FC. 1878 hatte AUWERS den (ersten) Fundamental-Catalog des Berliner Jahrbuchs (abgekürzt FC) veröffentlicht, den er in jahrelanger Arbeit durch eine Kompilation zahlreicher von 1750 bis 1875 beobachteter Sternkataloge gebildet hatte. Das größte Problem ist hierbei die Ableitung der Eigenbewegungen, das AUWERS durch eine möglichst langzeitige Akkumulation des Bewegungseffektes zu lösen versuchte. Er nahm daher die um 1750 von BRADLEY angestellten Beobachtungen — nach einer Neureduktion — in seinen Katalog mit auf und gab ihnen wegen des großen Epocheunterschiedes ein hohes Gewicht — ein zu hohes, wie wir heute wissen.

Um einen möglichst engen Anschluß an das System des FC zu erhalten, beobachtete KÜSTNER besondere Reihen, die nur aus Sternen des FC bestanden. Sie gestatteten ihm, das individuelle System seines Meridianinstrumentes zu bestimmen und daraus systematische Reduktionen seines Instrumentensystems in das System des FC abzuleiten. Diese Fundamentalsternreihen sind unter dem Namen „KÜSTNERsche Reihen" in das Vokabular der Meridianastronomen eingegangen und fester Bestandteil von deren Arbeitsprogramm geworden. Es leuchtet ein, daß aus solchen KÜSTNERschen Reihen auch individuelle Fehler der Sterne des FC abgeleitet werden konnten, so daß sie einen doppelten Zweck erfüllen. Die „Feldsterne", deren Koordinaten neu bestimmt, bzw. in das System des Fundamentalkatalogs eingehängt werden sollten, wurden bzw. werden nach KÜSTNER in (Deklinations-) Zonen (meist von 5° in Deklinationsunterschied) beobachtet, die in der Hauptsache aus diesen Feldsternen bestehen. Zum systematischen Anschluß und zur Überwachung des Instrumentensystems erhalten diese „Zonen" auch möglichst gleichmäßig in Rektaszension verteilte einzelne Fundamentalsterne.

Eine weitere, bereits zu KÜSTNERS Zeiten bekannte Fehlerquelle ist die „Helligkeitsgleichung". Infolge physiologischer Effekte stellt der Beobachter den Mikrometerfaden bei hellen Sternen anders ein als bei schwachen. KÜSTNER vermied diesen Fehler, indem er hellere Sterne auf etwa die Helligkeit der schwächsten Programmsterne abblendete. Er benutzte dafür eine Anzahl (meist 3) verschieden dichter Drahtgitter, die einzeln oder kombiniert vor dem Objektiv des Fernrohrs eingelegt werden, bzw. durch Drehen eines Knopfes vom Okularende aus vor das Objektiv gedreht werden konnten. Diese Methode, die Helligkeitsgleichung auszuschalten, ist ebenfalls seit KÜSTNER allgemein üblich geworden. Diese erwähnten und noch viele andere Regeln der Beobachtungskunst hat KÜSTNER in den Einleitungen zu seinen großen Sternkatalogen [6] ausführlich niedergelegt, wo sie noch heute eine Fundgrube für den Meridiankreisbeobachter bilden.

Die in Berlin entwickelten Methoden wandte KÜSTNER mit großem Erfolg bei seinen jahrzehntelangen Meridiankreisbeobachtungen in Bonn an. Als er dann dort seit 1900 einen photographischen 30-cm-Refraktor zur Verfügung hatte, hat er auch photographische Astrometrie getrieben und auch dort (durch Vermessung zahlreicher offener Sternhaufen) ein Beobachtungsmaterial von bleibendem Wert geschaffen. Diese Aufnahmen wurden in den letzten beiden Jahrzehnten wiederholt, so daß wir über die Bewegungsverhältnisse in den Haufen informiert sind und z. B. nicht zugehörige Sterne ausscheiden, Apex und Antapex bestimmen und Sternstromparallaxen ableiten können und dgl. mehr. Es ist dies ein typisches Beispiel dafür, wie der Astrometer — man möchte sagen selbstlos — für nachfolgende Generationen arbeitet, die dann, durch Wiederholung und Vergleich, den Fortschritt in der Erkenntnis erst vollziehen können. Nur bei Untersuchungen der Bewegung im Gesichtsfeldradius kann der Astrometer — durch Ausnutzung des Dopplereffekts — in einigen Fällen verhältnismäßig rasch zu Resultaten kommen, die zu Schlußfolgerungen führen. KÜSTNER hat mit dem Bonner Refraktor auch zahlreiche Spektrogramme aufgenommen und mit ihnen Radialgeschwindigkeiten bestimmt, u. a. zu einer erneuten Bestimmung von Sonnenparallaxe und Aberrationskonstante, seine Berliner Arbeiten zur Verbesserung astronomischer Konstanten damit wieder aufnehmend. Aus der Radialgeschwindigkeit ekliptiknaher Sterne können ja die in Visierrichtung gelegenen Geschwindigkeitskomponenten der Erde in ihrer Bahn relativ zur Sonne in km/sec und damit durch Integration nach der Zeit die Dimensionen der Erdbahnellipse in km ermittelt werden. Die Auswertung dieser kurz vor dem ersten Weltkrieg erhaltenen Spektrogramme haben erst seine letzten Schüler um 1930 vornehmen können. Sie führten zu sehr brauchbaren Ergebnissen. Sie sind jedoch mit den modernen Radarmethoden, mit denen man die Entfernung der Venus in ihrer unteren Konjunktion bestimmen kann, nicht mehr konkurrenzfähig.

Als ich selbst im vierten Semester meines Studiums im Herbst 1929 die Universität Bonn bezog, war KÜSTNER bereits emeritiert und ARNOLD KOHLSCHÜTTER hatte gerade die Leitung der Sternwarte übernommen. Der KÜSTNERsche Geist war jedoch noch in der Sternwarte zu spüren, und gelegentlich erschien KÜSTNER sogar persönlich aus dem benachbarten Mehlem, wohin er sich zurückgezogen hatte, um an einem Kolloquium teilzunehmen.

Natürlich waren auch manche Anekdoten über KÜSTNER im Umlauf. Mit einer kleinen Betrachtung über eine solche möchte ich schließen: In der Kuppel des photographischen Refraktors im Garten der Sternwarte hing eine Pendeluhr, deren Stand man nur auf die Sekunde genau zu wissen brauchte, da man diese nur für die Einstellung des Stundenwinkels und die Fixierung der photographischen Belichtungszeit benötigte. KÜSTNER soll den Vergleich mit der Hauptuhr nie anders als durch freies Fortzählen der Sekunde der Hauptuhr im Gehen auf dem etwa 50 Meter langen Weg durchgeführt haben, wobei er mehrere Türen und Stufen zu passieren hatte. Er verzählte sich dabei nie und blieb dabei in der 1-Herz-Frequenz, ähnlich wie ein musikalischer Mensch die Kammerton-Frequenz 440 Hz während eines Chorkonzerts halten kann. So konnte KÜSTNER den Stand der Kuppeluhr stets mit der erforderlichen Sekundengenauigkeit ermitteln.

Den großen Beobachtungskünstlern von 1850 bis 1950 waren Längen- und Zeitmaßstäbe immanent, mit denen sie zwar natürlich nicht maßen, aber ich meine damit, daß sie ihre Messungen physisch und psychisch zugleich durchführten, mit Fingerspitzengefühl im wahren, aber auch im übertragenen Sinn des Wortes. Diese Zeit der

Symbiose von Mensch und Meßgerät zum Zwecke der Messung geht zu Ende: Der moderne Astronom wird seine „Beobachtungsergebnisse" dem automatisierten Instrumentarium nach programmiertem Messungsablauf entnehmen. Er ist nicht mehr Teil des Meßgeschehens, sondern steht diesem in dem quasi-personifizierten Meßgerät bestenfalls als Partner gegenüber. Je mehr der Mensch in der Geräteentwicklung in Richtung auf Automatisierung und kontinuierlichen Datenfluß vorankommt, um so geringer werden die persönlichen Beziehungen des „Beobachters" zum Instrumentarium werden.

Abb. 2: Karl Friedrich Küstner

Mit Fug und Recht dürfen wir somit behaupten, daß Friedrich Küstner einer der letzten ganz großen Meister der astrometrischen Beobachtungskünstler gewesen ist, die sich dem Instrumentarium, das eine Erweiterung der Sinne brachte (vor allem Sehen, Tasten, aber auch Hören), mit ihrer ganzen Persönlichkeit adaptierten.

Literatur

[1] Hopmann, J.: Karl Friedrich Küstner. Vierteljahrsschrift d. Astron. Gesellsch. 71. 24–34 (1937).

[2] Auwers, A.: Die Venusdurchgänge 1874 und 1882. Bericht über die deutschen Beobachtungen, 7 Bände, Berlin 1887 bis 1898.

[3] KÜSTNER, F.: Neue Methode zur Bestimmung der Aberrationskonstante nebst Untersuchungen über die Veränderlichkeit der Polhöhe. Beob.-Ergeb. d. kgl. Sternwarte zu Berlin, Heft Nr. 3, Berlin 1888.
[4] KÜSTNER, F.: Zur Bestimmung der Aberrations-Constante aus Meridian-Zenithdistanzen unabhängig von den Schwankungen der Polhöhe. Astron. Nachrichten **126**, 233–248 (1891).
[5] LIEBERT, J.: Beiträge zur Untersuchung des Babelsberger Meridiankreises. Veröff. d. Zentralinst. f. Physik der Erde, Potsdam 1973.
[6] Vor allem Veröffentlichungen der Universitätssternwarte Bonn Nr. 10.

Anschrift des Verfassers:

Prof. (em.) Dr. habil. Hans-Ullrich Sandig

Lohrmann-Observatorium der Technischen Universität Dresden
DDR - 8027 Dresden
Mommsenstraße 13

KARL HERMANN STRUVE UND DIE VERLEGUNG DER BERLINER STERNWARTE NACH BABELSBERG

KLAUS FRITZE

Als auf Veranlassung JOHANN FRANZ ENCKES in den Jahren 1835/37 der Neubau der Berliner Sternwarte in der Nähe des Halleschen Tores am späteren Enckeplatz errichtet wurde, lag dieses Institut am südlichen Stadtrande Berlins und bot den Astronomen relativ günstige Beobachtungsbedingungen. Dies änderte sich jedoch schon sehr bald, denn die Entwicklung Berlins zur Großstadt und das damit verbundene rapide wirtschaftliche und industrielle Wachstum brachten es mit sich, daß gut 50 Jahre später am Ende des 19. Jahrhunderts die Sternwarte völlig umbaut war. Die nächtliche Lichterfülle und der Dunst der Großstadt, sowie die Erschütterungen durch die unweit vorbeiführende Hochbahn beeinträchtigten die astronomischen Beobachtungen in erheblichem Maße und machten astrometrische Präzisionsmessungen nahezu ganz unmöglich. So war schon in den neunziger Jahren durch die Professoren AUWERS, FOERSTER und VOGEL der Gedanke einer Verlegung der Sternwarte oder der Errichtung einer günstiger gelegenen Außenstation in Erwägung gezogen worden, scheiterte jedoch an den divergierenden Vorstellungen der Herren über das weitere Schicksal der Sternwarte am Enckeplatz und an finanziellen Problemen. WILHELM FOERSTER, der seit 1865 Direktor der Berliner Sternwarte war und sich hervorragende Verdienste auf wissenschaftsorganisatorischem Gebiete erworben hatte, erkannte schließlich, daß die Verlegung des Institutes oder der Neubau einer Sternwarte über einen langen Zeitraum eine Vielzahl komplizierter und völlig neuartiger Anforderungen an seinen Leiter stellen würde — eine Aufgabe, der sich der nunmehr Siebzigjährige zu Recht nicht mehr gewachsen fühlte. Dazu kamen subjektiv geprägte Auseinandersetzungen mit den vorgesetzten Behörden und einigen Kollegen, nicht zuletzt mit AUWERS.

FOERSTER schreibt dazu selbst in seinen „Lebenserinnerungen und Lebenshoffnungen" [1]:

> „Ich mußte jedoch die Erfahrung machen, daß ich für die Verhandlungen über diese Zukunftspläne, sowohl bei den obersten Behörden, als auch bei einigen Kollegen, wohl im Hinblick auf meine sonstigen Betätigungen, nicht mehr für voll angesehen wurde, so daß ich dann nur noch Verantwortungen und keine entscheidenden Mitwirkungen mehr gehabt hätte. Infolgedessen erbat ich im Frühjahr 1903 definitiv meine Entlassung als Direktor der Sternwarte."

Damit war der Weg frei für die Berufung eines jüngeren Mannes, für den diese Aufgabe ein lohnenswertes und interessantes Ziel darstellen würde und der am Ende noch selbst in den Genuß der Früchte seiner Arbeit gelangen konnte. Die Wahl fiel auf KARL HERMANN STRUVE, und man darf heute aus der Sicht des Chronisten feststellen, daß man damit einen guten Griff getan hatte.

Karl Hermann Struve wurde am 3. 10. 1854 in Pulkowo geboren. Er entstammte einer der berühmtesten Astronomenfamilien und war der dritte von vier Söhnen des Direktors der Pulkowoer Sternwarte Otto Wilhelm Struve und seiner Ehefrau Emilie geb. Dyrssen. Sein Großvater Friedrich Georg Wilhelm Struve war 1808 aus Altona nach Dorpat ausgewandert, seit 1813 Leiter der Dorpater Sternwarte und gründete 1839 die Sternwarte Pulkowo.

Hermann Struve wuchs in Pulkowo auf und erhielt seinen ersten Unterricht im Elternhaus. Während eines Romaufenthaltes seiner Eltern besuchte er 1862/63 das Gymnasium in Karlsruhe und nach deren Rückkehr nach Pulkowo ab 1863 das Gymnasium in Wiborg und legte im Jahre 1871 in Reval das Abitur ab. Anschließend studierte er in Dorpat Mathematik und Physik und interessierte sich besonders für Fragen der theoretischen Optik und ihre Anwendung auf die Theorie der Fernrohre. Zu dieser Zeit beabsichtigte er noch nicht, der Tradition seiner Familie zu folgen und Astronom zu werden.

Noch während seines Studiums nahm er 1874 an einer Expedition nach Port Possiet in Ostsibirien zur Beobachtung des Venusdurchganges vor der Sonne teil. 1877 schloß er seine Studien in Dorpat mit dem Kandidatenexamen ab, um anschließend seine Studien in Straßburg, Paris und vor allem in Berlin, wo er Vorlesungen bei Helmholtz, Kirchhoff und Weierstrass hörte, fortzusetzen. Neben der Venusexpedition wurde die Reise, die ihn 1879 mit seinem Vater nach Nordamerika führte, für seine zukünftige Berufswahl von entscheidender Bedeutung. Ziel dieser Reise war die Bestellung eines 30zölligen Objektivs für den neuen Pulkowoer Repsold-Refraktor bei Clark und der Besuch der großen amerikanischen Observatorien. Die verlockende Aussicht, mit diesem Rieseninstrument in Pulkowo arbeiten zu können, gab schließlich den Ausschlag, in die Fußtapfen seines Vaters und seines Großvaters zu treten. 1881 legte er in Dorpat sein Magisterexamen über „Fresnels Interferenzerscheinungen theoretisch und experimentell bearbeitet“ mit höchster Auszeichnung ab. Daran schlossen sich ein dreimonatiger Studienaufenthalt bei Boltzmann in Graz und die Durchführung von längeren Meßreihen in dessen physikalischem Laboratorium an. Nach Dorpat zurückgekehrt, promovierte er 1882 zum Doktor der Mathematik mit einer Arbeit „Über den Einfluß der Diffraktion an Fernröhren auf Lichtscheiben“. Das folgende Jahr führte ihn noch einmal mit seinem Vater nach Amerika zur Abnahmeprüfung des Refraktorobjektivs, ehe mit seiner Anstellung als Adjunkt-Astronom an der Sternwarte Pulkowo seine eigentliche astronomische Laufbahn begann.

Wenn ihn auch in den folgenden drei Jahren noch vorwiegend theoretisch-optische Arbeiten, die Diffraktionsvorgänge in Fernrohren behandeln, beschäftigen, so schwebte ihn von Beginn seiner astronomischen Tätigkeit an als Hauptziel die Erforschung des Saturnsystems vor, dem er auch bis an sein Lebensende treu blieb. Er begann seine Arbeiten am 15-Zoll-Refraktor, um sie ab 1885 mit der Indienststellung des 30-Zöllers mit überragendem Beobachterfleiß und -können an diesem hervorragenden Instrument fortzusetzen. Doch nicht nur der Umfang und die Qualität seiner Beobachtungen verschafften ihm hohe Anerkennung bei seinen Fachkollegen, sondern ebenso seine wohldurchdachten Überlegungen zur Theorie des Saturnsystems, denen umfangreiche, an der Grenze des Bewältigbaren liegende numerische Rechnungen vorausgegangen waren.

1885 heiratete Hermann Struve die Tochter eines Vetters seines Vaters, des Wirkl. Staatsrates Hermann Struve aus Riga, Olga Struve. Dieser Ehe entsprossen zwei

Kinder: Eine Tochter und sein Sohn Georg (1886—1933), der ebenfalls Astronom wurde und von 1919 bis zu seinem Tode Observator an der Sternwarte Babelsberg war, jedoch nicht die Bedeutung seiner Vorfahren erreichte.

Als 1889 Otto Struve von der Leitung der Pulkowoer Sternwarte wegen eines Konfliktes mit der Petersburger Akademie zurücktrat, war es der Wunsch des Zaren Alexander III., daß Hermann Struve die Nachfolge seines Vaters anträte. Die Akademie entsprach jedoch dem Wunsche Hermann Struves, für die nächste Zeit von Verwaltungsgeschäften verschont zu bleiben, um sich voll und ganz seiner wissenschaftlichen Arbeit widmen zu können und ernannte Th. Bredechin zum Direktor, während Struve zum „Älteren Astronomen" befördert wurde. Unliebsame Auseinandersetzungen in der Beamtenschaft waren schließlich maßgebend, daß er im Jahre 1895 einem Ruf als Professor und Direktor nach Königsberg als Nachfolger C. F. W. Peters folgte, obwohl das Königsberger Instrumentarium völlig veraltet war und in keiner Weise mit der großzügig und modern ausgerüsteten Pulkowoer Sternwarte konkurrieren konnte. So nahmen auch die Bemühungen um Modernisierung der Königsberger Sternwarte einen wichtigen Teil seiner Arbeit ein und gipfelten in der Anschaffung eines neuen 32,5-cm-Refraktors von Repsold.

In der Königsberger Zeit erntete er den ersten wissenschaftlichen Ruhm für seine Arbeiten über die Saturntrabanten. 1897 wurde er von der Pariser Akademie mit dem Damoiseau-Preis ausgezeichnet und 1903 wurde ihm die Goldmedaille der Royal Astronomical Society verliehen. Nach seinem Großvater Wilhelm Struve im Jahre 1826 und seinem Vater Otto Struve 1850 war er der dritte Struve, der diese hohe Auszeichnung erhielt. Die Laudatio, die H. H. Turner anläßlich der Verleihung hielt, ist eine der besten und umfassendsten Würdigungen der Arbeiten Struves bis zu diesem Zeitpunkt [2].

Am 1. 10. 1904 folgte Struve der Berufung zum Direktor der Berliner Sternwarte als Amtsnachfolger von Wilhelm Foerster. Er übernahm gleichzeitig das Ordinariat für Astronomie an der Berliner Universität — seit dem Direktorat Foersters war ja die Sternwarte eng mit der Universität verbunden — und wurde am 29. 8. 1904 Mitglied der Preußischen Akademie der Wissenschaften [3].

Seiner Berufung vorausgegangen waren schriftliche und persönliche Verhandlungen mit dem Minister für geistliche und Unterrichtsangelegenheiten v. Studt, dem er in einem ausführlichen Schreiben vom 1. 4. 1904 seine Vorschläge für den Neubau einer Sternwarte unterbreitet hatte. Im Gegensatz zu Foerster und auch Auwers sah er keinen zwingenden Grund, die alte Berliner Sternwarte zu erhalten, sondern plädierte für den Neubau einer Forschungssternwarte in einem Berliner Vorort und der Errichtung eines Recheninstitutes und einer Übungssternwarte in nicht zu großer Entfernung von dieser, jedoch verkehrsgünstigerer Lage, als es die Beobachtungsbedingungen möglicherweise für die Sternwarte zulassen würden. Der Kostenanschlag belief sich auf 1,5 Millionen Goldmark, der jedoch durch den Verkauf des alten Grundstückes zu decken wäre, falls die Grundstücke für die Neubauten kostenlos zur Verfügung gestellt werden könnten.

Da bei einer Errichtung der neuen Sternwarte in Berlin-Dahlem, wo auf Betreiben von Ministerialdirektor Althoff ein Teil der Berliner Universitätsinstitute vereinigt werden sollte, auf Grund der städtischen Bebauungspläne kein ausreichender Schutz vor einer neuerlichen Umbauung bestand, wurde schon im Mai 1904 dieser Plan von

Struve aufgegeben und andere besser geeignete Standorte in die Voruntersuchung einbezogen. Zur Debatte standen mehrere Plätze im Grunewald, so auf dem Havelberg, in der Nähe des Teufelssees, auf der Halbinsel Schwanenwerder und am Hundekehlensee. Doch auch diese Standorte fanden nicht die ungeteilte Zustimmung.

Im Sommer 1905 tauchte dann erstmalig der Vorschlag auf, die neue Sternwarte in der Nähe des Schloßparkes Babelsberg auf einem östlich davon zwischen Griebnitzsee, Villenkolonie Neubabelsberg und dem Ort Nowawes gelegenen Areal zu errichten, das dem Forstfiskus gehörte und der Krone für 33 Jahre verpachtet war. Dieses etwa 5 Hektar große Gelände umfaßte einen in Ostwestrichtung verlaufenden Höhenzug, der nach Süden langsam zum Ort abfällt, dagegen im Norden recht steil zu dem etwa 40 m tiefer gelegenen Griebnitzsee. Es fand trotz der Einwände einiger Fachkollegen das Interesse Struves. Am 1. 2. 1906 erfolgte die erste Besichtigung des Geländes u. a. durch Struve und Auwers und am 4. 4. 1906 die Erteilung einer Nutzungserlaubnis durch den Pächter, Wilhelm II. Im Mai wurde dann ein Beobachtungshäuschen erstellt und von Paul Guthnick in 41 Nächten vom 9. 7. bis 21. 10. Probebeobachtungen über die Durchsicht der Luft und die Bildschärfe, sowie den Einfluß der benachbarten Havelseen auf astronomische Beobachtungen und auch über die Auswirkung eventueller Erschütterungen auf die Bildqualität durch die Eisenbahnlinie Berlin-Potsdam durchgeführt. Das Ergebnis dieser Untersuchungen, das die Errichtung einer Sternwarte sinnvoll erscheinen ließ, wurde am 1. 11. 1906 an das Kultusministerium eingereicht.

Von großer Bedeutung für die Zukunft einer Sternwarte war die Erhaltung und Sicherung der für die Beobachtung notwendigen Umweltbedingungen. Daher wurde von Struve sofort mit großer Intensität die Sicherung der Sternwarte vor störenden Umwelteinflüssen betrieben und schließlich ein Regierungserlaß erwirkt, der in einem Umkreis von 1,2 km die Errichtung von Fabriken und größeren Bauwerken untersagte, sowie die Aufstellung von Bogenlampen und die Eröffnung von Vergnügungsetablissements in diesem Bereich verbot. So versicherte dem skeptischen Struve der Landrat des Kreises Teltow [4], daß er

„schlimmstenfalls in der Lage sei, die Sternwarte vor störender Nachbarschaft zu beschützen. Ein Ortsstatut für die Gemeinde Nowawes gibt dazu auch die Handhabe, wenn es sich um die Etablierung von Schenkwirtschaften handelt.“

— Unter der daraus resultierenden Versorgungslücke haben die Mitarbeiter der Sternwarte noch heute zu leiden.

Auf der Grundlage einer am 3. 1. 1907 an das Kultusministerium eingereichten Denkschrift, in der die Festlegung auf den Standort in Babelsberg begründet und Vorschläge für die zu erstellenden Instrumente und Gebäude unterbreitet wurden, entwarf Regierungsbaumeister Brüstlein unter der Leitung des Geheimen Baurates Thür vom Ministerium für öffentliche Arbeiten die Pläne für den Neubau.

Obwohl die grundsätzliche Zustimmung der zuständigen Ministerien für eine Verlegung der Sternwarte ja seit langem bestand, war die erste Reaktion auf die Pläne und Entwürfe die Aufforderung zu überprüfen, ob eine Kostenreduktion durch Einsparung an Instrumenten oder übrigen Aufwendungen möglich sei. Struve begründete in seiner Antwort die Planungen insbesondere durch einen geschickten Vergleich mit anderen großen Observatorien und führte den Nachweis, daß seine Forderungen für Babelsberg durchaus sinnvoll seien.

Doch damit waren noch nicht alle Hemmnisse beseitigt, denn im Jahre 1909 machte der vormalige Direktor Wilhelm Foerster noch einmal den Versuch, in die Struvesche Konzeption einzugreifen, indem er in einem Brief an den Kultusminister zum einen die verschiedensten Gründe aufführte, die einer Anlage in Babelsberg im Wege stehen könnten und zum anderen sehr herbe Kritik an den seiner Meinung nach zu hohen Kosten des Neubaus übte. So wären nach Foerster Einsparungen durch Verringerung der Gebäudezahl und der Observatorenwohnungen, Wegfall des Assistentenwohnhauses, Verkleinerung des Refraktors und Wegfall des Spiegelteleskopes („... da Pulkowa, Washington und Capetown auch keinen besitzen und ihre Direktoren auch zur 1. Ordnung gehören ...“) [4] möglich. Die Reaktion des Kultusministeriums erfolgte prompt in Form eines Briefes, in welchem der Minister die eben genannten Argumente vortrug, ohne allerdings den Namen Foersters zu nennen. Struve gelang es jedoch in überzeugender Weise, die Argumente Foersters zu entkräften und seine Konzeption durchzusetzen, die am Ende eine Summe von 1,1 Millionen Mark für die zu errichtenden Gebäude und 450000 M für die neuen Instrumente vorsah.

Im folgenden Jahr trat Struve dann von Juli bis Oktober eine Studienreise in die USA an, in deren Verlauf er die großen amerikanischen Sternwarten besuchte und Verbindungen zu renomierten Optikern und Instrumentenherstellern wie Clark, Ritchey und Grubb aufnahm.

Inzwischen war der Verkauf des Grundstückes der Berliner Sternwarte, das ja inmitten der Berliner City lag und einen beträchtlichen Verkaufswert repräsentierte, zu sehr vorteilhaften Bedingungen an das Handelshaus Heinrich Jordan gelungen. Er erbrachte einen Betrag, der die für den Neubau der Sternwarte einschließlich Instrumente benötigte Summe überschritt, und sah vor, daß die Räumung des Grundstückes erst im Oktober 1913, also nach der Fertigstellung des Neubaus in Babelsberg erfolgen sollte, so daß die Arbeit in der Sternwarte kontinuierlich fortgesetzt werden konnte. Unmittelbar nach seiner Rückkehr aus den USA unterbreitete Struve seine Gedanken über die Bestellung der Instrumente. Vom Landwirtschaftsministerium war die kostenlose Abtretung des Babelsberger Geländes durch die Oberförsterei an die Unterrichtsverwaltung beschlossen und am 17. 12. 1910 durch das Kultusministerium Struve die notwendigen Verhandlungsvollmachten erteilt worden.

Während über die Bestellung der Meridianinstrumente bei Repsold Klarheit bestand, sollte die Montierung für den geplanten großen Refraktor ebenfalls bei Repsold, die Optik jedoch bei Clark in den USA bestellt werden, da man nach dem Fehlschlag mit der Steinheilschen Optik des Potsdamer Refraktors skeptisch geworden war, und die Fertigstellung des bei Zeiss bestellten 12-Zoll-Objektivs als Ersatz für das 9zöllige Fraunhofersche Objektiv sehr lange auf sich warten ließ.

Im Mai 1911 besuchte Struve gemeinsam mit dem für die Errichtung der Babelsberger Sternwarte verantwortlichen Regierungsbaumeister Eggert die englischen Sternwarten Greenwich, Oxford und Cambridge, sowie Paris-Meudon. Inzwischen war das 12-Zoll-Objektiv von Zeiss geliefert worden und vorzüglich gelungen, so daß auch die Optik für den großen Refraktor bei Zeiss bestellt werden sollte. Da Zeiss nur bereit war, Montierung und Optik gemeinsam zu liefern, gab man schließlich den gesamten großen Refraktor und das Spiegelteleskop bei Zeiss in Auftrag. Die geplanten Kosten beliefen sich auf 146 TM für den Refraktor und 103 TM für den Spiegel, der auf 1,2 m Spiegeldurchmesser statt der ursprünglich geplanten 1,0 m vergrößert werden konnte und damit das zweitgrößte Instrument der Welt war. Die Firma Repsold war über die

Auftragsvergabe an Zeiss recht verärgert und zeigte auch kein Interesse mehr an der Fertigung der Meridianinstrumente, so daß der Vertikalkreis an Wanschaff in Berlin und das Passageinstrument und der 40-cm-Astrograph an Toepfer in Potsdam vergeben wurden.

Abb. 1. Das Hauptgebäude der Sternwarte im Bau (1912)

Nach einigen vorbereitenden Terrainregulierungen konnte im Juni 1911 in Babelsberg mit dem Bau begonnen werden. Der Bau ging sehr zügig voran, und Anfang 1913 begann die Verlegung von Berlin nach Babelsberg mit der Aufstellung des 31-cm-Refraktors von Zeiss-Repsold und des Meridiankreises von Pistor und Martins aus altem Berliner Besitz. Mitte des Jahres waren die Bauarbeiten in Babelsberg so weit abgeschlossen, daß das Gelände der alten Sternwarte in Berlin am 2. 8. 1913 seinem neuen Besitzer, der Handelsgesellschaft Jordan, übergeben werden konnte.

Jedoch war das königliche Universitätskuratorium recht verärgert, als im März 1914 von ihm durch die Steuerdeputation des Magistrats die Begleichung von 45.— M Kanalisationsgebühr für die Zeit vom 1. 4. bis zum 31. 8. 1913 für das Berliner Grundstück gefordert wurde, obwohl man seit dem 3. August keinerlei Beiträge mehr zu den Abwässern zugesteuert hatte. Das Handelshaus Jordan war am Ende kulant genug, dem Einspruch stattzugeben und anteilmäßig für die Zeit vom 3. bis 31. August 8,70 M zu übernehmen.

Die Auslieferung der neuen Instrumente begann im Frühjahr 1914 mit dem Passageinstrument und dem Vertikalkreis. Die Aufstellung des großen Refraktors und des

Astrographen begann noch im gleichen Jahr und wurde 1915 vollendet. Die Sternwarte Babelsberg gehörte damit zu den bestausgerüstetsten und modernsten astronomischen Forschungsinstituten der Welt, wenn auch das geplante 120-cm-Spiegelteleskop infolge des inzwischen ausgebrochenen ersten Weltkrieges noch nicht fertiggestellt wurde und erst 1924 in Betrieb genommen werden konnte. In dieses Jahr fällt auch die Ausdehnung des Sternwartengeländes in westlicher Richtung um weitere 5 ha bis zur heutigen Allee nach Glienicke.

Abb. 2. Das Hauptgebäude der Sternwarte von Südosten betrachtet

Der Ausbruch des ersten Weltkrieges, insbesondere die Feindseligkeiten mit Rußland, traf HERMANN STRUVE besonders tief, lebte doch ein großer Teil seiner Verwandten und Freunde in Rußland. Ein noch schwererer Schicksalsschlag war für ihn dann der Tod seiner Frau nach langer schwerer Krankheit im Jahre 1919. Als er schließlich am 9. 2. 1920 in Berlin zwischen zwei aneinander vorbeifahrende Straßenbahnen geraten war und sich dabei einen Oberschenkelhalsbruch zugezogen hatte, glaubte bei der ihn schon länger quälenden Herzkrankheit kaum jemand an sein Wiederaufkommen. Jedoch erholte er sich bis zum Sommer, und zum Zeitpunkt eines vermeintlich recht guten Gesundheitszustandes starb er fünfundsechzigjährig am 12. 8. 1920 bei einem Kuraufenthalt in Herrenalb im Schwarzwald unerwartet an einem Herzschlag.

Wenn historische Untersuchungen u. a. den Sinn haben sollen, aus ihnen Erfahrungen für die Gegenwart zu schöpfen, so ist die Schaffung der Sternwarte Babelsberg durch HERMANN STRUVE ein Musterbeispiel für weit in die Zukunft hineinreichendes prognostisches Denken. Durch ihn war ein völlig neues und auf das Modernste ausgerüstetes Institut geschaffen worden, dessen Einrichtungen bis ins Detail durchdacht und ausgefeilt waren. Ein großartiges und in der astronomischen Welt beispielhaftes Forschungsinstitut war als Ergebnis des STRUVEschen Organisationstalentes und seiner wissenschaftlichen Weitsicht entstanden. Die bedeutenden wissenschaftlichen Leistungen der Sternwarte bis zum Ausbruch des Faschismus sind dafür lebendiger Beweis.

Nachfolger von STRUVE als Direktor wurde PAUL GUTHNICK (1871—1947), der in Babelsberg kurz nach der Gründung der Sternwarte mit der Anwendung der Photozelle, d. h. der Ausnutzung des photoelektrischen Effektes, zur Helligkeitsbestimmung von Sternen eine neue Forschungsmethode in die Astrophysik eingeführt und in den folgenden Jahren weiterentwickelt hatte, die sich als lichtelektrische Photometrie — heute mit modernen Sekundärelektronenvervielfachern durchgeführt — zu einem der wichtigsten Hilfsmittel der Astronomen bei der Erforschung des Universums entwickelt hat. In die Amtszeit GUTHNICKS fällt 1924 die Inbetriebnahme des 120-cm-Spiegelteleskopes und damit die vollständige Verwirklichung der STRUVEschen Konzeption der Sternwarte Babelsberg.

Sicher war bei der Planung und Einrichtung des Institutes, ausgehend von den persönlichen Neigungen STRUVES, der Hauptwert auf astrometrische Beobachtungsinstrumente gelegt worden, jedoch erkannte und berücksichtigte er gleichermaßen die sich abzeichnenden modernen Forschungsrichtungen der Astrophysik, wie sein konsequentes Beharren auf die Anschaffung eines großen Spiegelteleskopes gegenüber weniger weitsichtigen Zeitgenossen beweist. STRUVE selbst hatte Zeit seines Lebens der Saturn und seine Trabanten auf das Intensivste beschäftigt. 1885 war dazu seine erste Veröffentlichung „Bestimmung der Elemente von Iapetus und Titan aus der Verbindung der Satelliten untereinander“ erschienen, und 1898 folgte sein bedeutendstes wissenschaftliches Werk unter dem Titel „Beobachtungen der Saturntrabanten am 30zölligen Refraktor.“ Bei seinem Tode lag noch eine große Zahl nachgelassener Beobachtungen mit dem 65-cm-Refraktor vor, die später von seinem Sohn GEORG bearbeitet und veröffentlicht wurden. Die Berliner Jahre hatten ihn ja im wesentlichen mit der Planung und dem Neubau der Sternwarte befaßt gesehen, nach deren Vollendung er sich noch einmal mit großer Sorgfalt der Untersuchung und Prüfung der neuen Babelsberger Instrumente widmete, wovon seine letzte große Veröffentlichung „Die neue Berliner Sternwarte in Babelsberg“ Zeugnis ablegt [5].

Da kein lebender Zeitgenosse mehr befragt werden konnte, kann über die Persönlichkeit STRUVES nur wiederholt werden, was seine Kollegen uns schriftlich über ihn hinterlassen haben. So GUSTAV MÜLLER in seiner Gedächtnisrede vor der Berliner Akademie [6]:

„Über STRUVES Charaktereigenschaften sind alle, die ihm nähergestanden haben, in ihrem Urteil einig; sie verehren in ihm einen schlichten, charakterfesten Mann, der mit eiserner Konsequenz das, was er als richtig erkannt hatte, vertrat, der vor keiner Schwierigkeit zurückschreckte und unter Umständen auch schroff sein konnte, dabei aber ein tiefes weiches Gemüt besaß und denen, die er in sein Herz geschlossen hatte, dauernde Freundschaft bewahrte.“

Mehr als seine wissenschaftlichen Veröffentlichungen und alle Worte seiner Zeitgenossen spricht für KARL HERMANN STRUVE das Denkmal, das er sich zu seinen Lebzeiten selbst gesetzt hat — die Sternwarte Babelsberg.

Literatur

[1] FOERSTER, W.: Lebenserinnerungen und Lebenshoffnungen. Berlin 1911.
[2] TURNER, H. H.: Monthly Notices of the Royal Astr. Soc. **63** (1903) 281.
[3] STRUVE, H.: Antrittsrede des Hrn. Struve. Sitzungsber. der Preuß. Akad. d. Wiss., 1905, S. 672.
[4] Akten der Sternwarte Babelsberg. Archiv der Akad. d. Wiss. d. DDR.
[5] STRUVE, H.: Die neue Berliner Sternwarte in Babelsberg. Veröff. d. Universitätssternw. Berlin-Babelsberg, Bd. III (1919) H. 1.
[6] MÜLLER, G.: Gedächtnisrede auf Hermann Struve. Sitzungsber. d. Preuß. Akad. d. Wiss., 1921, S. 491.

Anschrift des Verfassers:

Dr. Klaus Fritze

Zentralinstitut für Astrophysik der Akademie der Wissenschaften der DDR
Sternwarte Babelsberg
DDR - 1502 Potsdam-Babelsberg
Rosa-Luxemburg-Str. 17a

EUGEN GOLDSTEIN UND DIE PHYSIK AN DER BERLINER STERNWARTE

OTTO SINGER

Trifft man beim Durchblättern älterer physikalischer Literatur auf die Angaben „Berlin-Schöneberg, Laboratorium der Universitätssternwarte", so ist es verzeihlich, wenn selbst Astronomen mit dieser Angabe kaum etwas anzufangen wissen. Wohl aber

Abb. 1. EUGEN GOLDSTEIN

ist es notwendig, des Mannes, der dort gearbeitet hat und der über Jahrzehnte Mitarbeiter der Berliner Sternwarte war und in dieser Zeit Entdeckungen erster Ordnung machte, ehrend zu gedenken. Der Name dieses Mannes ist EUGEN GOLDSTEIN.

Wer war Eugen Goldstein und welche Beziehungen hatte er zur Berliner Sternwarte?

Eugen Goldstein wurde vor 125 Jahren am 5. 9. 1850 im früheren Oberschlesien in Gleiwitz als Sohn eines vermögenden Weinhändlers geboren. Nachdem er seine Eltern im frühesten Kindesalter verloren hatte, wuchs er bei Verwandten in Ratibor auf. Dort besuchte er das Gymnasium. Nach dem Abitur bezog er 1869 die Universität in Breslau. Seiner sich bereits in der Schulzeit zeigenden Neigung entsprechend, wollte er Physik studieren. Leider war das nicht möglich, da es ein Berufsstudium „Physik" zu damaliger Zeit in Breslau noch nicht gab. Er wandte sich deshalb zunächst der Medizin zu. Bereits 1870 ging er nach Berlin, um dort Physik bei Dove und Chemie bei A. W. Hofmann zu hören.

1871 trat er als 1. Praktikant in das von Helmholtz begründete physikalische Institut ein, das damals — von 1871—1878 — im Ostflügel der Berliner Universität untergebracht war. In einem Beitrag zum Andenken an Helmholtz' 100. Geburtstag, den „Erinnerungen eines Laboratoriumspraktikanten" [1], legte Goldstein — in seinen eigenen Worten „in einigen Erinnerungsbildern in schlichter Skizzierung" — ein beredtes Zeugnis für diese Zeit ab, vor allem aber für seinen von ihm so hochverehrten Lehrer und Förderer Hermann v. Helmholtz. Hier beginnt er seine Arbeiten „Über die Entladungen der Elektrizität in verdünnten Gasen" und setzt sie bald selbständig arbeitend, unterstützt durch Bewilligungen von Forschungsmitteln durch die Berliner Akademie, praktisch als Privatmann bis 1888 im v. Helmholtzschen Institut fort.

Eine wichtige Wende im Leben Goldsteins markieren seine Beziehungen zur Berliner Sternwarte. In seinen Lebenserinnerungen weist W. Foerster, der damalige Direktor der Berliner Sternwarte, darauf hin, daß Goldstein schon lange vor seiner 1888 erfolgten Anstellung mit ihr eng verbunden war. W. Westphal, der Goldstein persönlich nahe kam, teilt hierzu in seinem Artikel zum 100. Geburtstag Goldsteins [2] ein genaueres Datum mit. Danach wurde Goldstein bereits 1878 kommissarisch als Physiker an der Berliner Sternwarte untergebracht.

Diese Zuordnung eines Physikers an eine Sternwarte wird verständlich, wenn man das Arbeitsgebiet von Goldstein und die Interessen und Wünsche Foersters bedenkt. Durch die theoretische Begründung der Spektralanalyse und des Wärmestrahlungsgesetzes durch Kirchhoff und die spektralanalytischen Untersuchungen von Bunsen und Kirchhoff war in den 60er Jahren des vorigen Jahrhunderts die Möglichkeit eröffnet worden, die junge Astrophysik auf eine exakte Grundlage zu stellen. Neben der Untersuchung radialer Bewegungen der Fixsterne auf Grund des nach Doppler benannten Effektes (1843) konnte nun auch die Bestimmung von Sterntemperaturen, speziell der Oberflächentemperatur der Sonne und die chemische Analyse der Sonnen- bzw. Sternatmosphären in Angriff genommen werden.

Der Gedanke, für diese Forschungen ein speziell eingerichtetes Institut zu bauen, war besonders durch Foersters Vorschläge gefördert worden. Aber erst der gewonnene Krieg 1871, die Gründung des Kaiserreiches, reichlich fließende Kontributionsgelder und der Wille, Industrie und Wirtschaft des Deutschen Reiches als Konkurrenz gegen die damaligen Großmächte auf- und auszubauen, ermöglichten es auch in der Wissenschaft, Wünsche Realität werden zu lassen. Auf entsprechenden Hinweis aus der Umgebung des damaligen Kronprinzen, legte Foerster 1871 eine Denkschrift vor. Darin wurde von ihm der Bau eines Sonnenobservatoriums vorgeschlagen, das gleichzeitig als magnetische und meteorologische Hauptstation fungieren sollte. Außerdem sollte das neue Institut möglichst nahe bei Berlin liegen und in Zusammenhang mit der dortigen Sternwarte stehen.

Die spätere Verwirklichung der Ideen FOERSTERs führten einerseits zu einer Erweiterung, andererseits zu einer Kürzung seines Programms. Eine Erweiterung insofern, als im neuen Institut nicht nur Sonnenphysik, sondern auch Sternphysik betrieben werden sollte, eine Kürzung dadurch, daß geomagnetische und meteorologische Probleme ausgeklammert und später dort einzurichtenden selbständigen Instituten zugewiesen werden sollten.

Die Tatsache, daß hierbei gerade solar-terrestrische Probleme, denen FOERSTER für die Zukunft große Bedeutung beimaß, zunächst in Wegfall gerieten, mag ein Grund für seine Geneigtheit gewesen sein, einen Physiker bei sich aufzunehmen.

Daß FOERSTER damit eine Tradition verletzte, kann man von J. SCHEINER erfahren, der für die personelle Besetzung speziell des astrophysikalischen Observatoriums in Potsdam 1890 folgende Meinung zum besten gibt: „Wahre Förderung der Astrophysik ist nur dann gegeben, wenn das astrophysikalische Observatorium eine Sternwarte im besten Sinne des Wortes ist und die an demselben tätigen Gelehrten Astronomen sind, die den Traditionen ihrer Stammwissenschaft getreu anhängen.“ [3]

Schon früher waren elektrische Kräfte zur Erklärung kosmischer Phänomene herangezogen worden. So äußerte bereits 1812 OLBERS die Ansicht, daß man sich bei Betrachtungen über die bei den Kometenschweifen auftauchenden Fragen nach dem Wesen der Repulsivkräfte schwerlich einer Analogie zur elektrischen Anziehung, bzw. Abstoßung enthalten kann. Auch F. ZÖLLNER glaubte die Bewegung der Schweifmaterie auf entgegengesetzte elektrostatische Aufladung dieser gegenüber der Sonne zurückführen zu können. Die Untersuchungen von elektrischen Entladungen in verdünnten Gasen boten nun aber völlig neue Möglichkeiten. Hierzu macht GOLDSTEIN, speziell im Hinblick auf solar-terrestrische Beziehungen, in einer Arbeit von 1879 [4] interessante Bemerkungen:

„Die Annahme, daß das Vakuum leitungsfähig ist, hat natürlich weitreichende Konsequenzen, besonders auf kosmischem Gebiete. Das Schicksal der meisten bisherigen Versuche, auf experimentelle Resultate kosmisch-physikalische Theorien zu gründen, kann zur Nachahmung nur wenig reizen. Indes erlaube ich mir, wenigstens darauf hinzuweisen, daß gewisse tellurische Erscheinungen elektrischer und magnetischer Natur, welche man — wegen der Koinzidenz ihrer Perioden oder Einzelerscheinungen mit solaren Veränderungen — aus statischer Influenz, magnetischer Induktion etc. des Sonnenkörpers zu erklären versucht hat, möglicherweise sich bequemer zu elektrischen Strömen in Beziehung setzen lassen, welche den interplanetaren Raum vom Zentralkörper aus durchfließen. Die experimentellen Erfahrungen zeigen bei fortschreitender Eliminierung des ponderablen Mediums keine Grenze für die Ausdehnung jener merkwürdigen Bewegung, die wir in den Kathodenstrahlen beobachten — es wäre denkbar, daß die Sonne neben Lichtstrahlen auch elektrische Strahlen in weite Räume aussendet. Wir sehen, daß auch bei dichter Nebeneinanderstellung beider Pole die Strahlen der Kathode doch unbestimmt weit, ohne Rücksicht auf die Lage der Anode geradlinig in den Raum hinausfluten; es brauchte also für eine elektrische Kommunikation mit der Sonne die Erde selbst nicht Elektrizitätsquelle und Pol des Stromes zu sein, sondern Entladungen, deren beide Pole an der Sonne selbst liegen, könnten Strahlen erzeugen, welche von der Sonne in den Weltraum sich ausbreiten.“

Vergleicht man damit heutige Auffassungen über die Entstehung und Wirkung solarer Korpuskularstrahlung, so sieht man, wie nahe GOLDSTEIN diesen Vorstellungen damals kam. Versuche, die die Ähnlichkeit von Vorgängen in Kometenschweifen und denen in Entladungsröhren dartun sollten, wurden von ihm später durchgeführt. Kurze Mitteilungen darüber finden sich in den Comptes Rendues [5, 6, 7] und in der Vierteljahresschrift der astronomischen Gesellschaft.

Es ist kein Zweifel, daß die oben wiedergegebenen Goldsteinschen Gedanken die Aufmerksamkeit und das Interesse Foersters erregten.

Nachdem Goldstein 1879 sein Doktorexamen bei H. v. Helmholtz abgelegt hatte, wurde er 1888 endgültig in der Berliner Sternwarte angestellt. Diese Anstellung wurde von W. Foerster im Jahresbericht in folgenden Worten angezeigt:

„Das Personal der Sternwarte ist durch die Anstellung eines dritten etatsmäßigen Assistenten in dankenswerter Weise verstärkt worden. Die neue Stelle wurde unter Berücksichtigung der erforderlichen mannigfachen Betätigung der hiesigen Sternwarte nach der Seite der Elektrizitäts-Anwendungen und im Hinblick auf die wachsende Bedeutung der elektrischen Forschung für astronomische Probleme dem hiesigen Physiker Prof. Dr. Goldstein verliehen, dessen Verdienste insbesondere um die Erforschung der elektrischen Lichterscheinungen allgemein bekannt sind."

Wenn man bedenkt, daß Goldstein zwei Jahre vorher eine der großen Entdeckungen des 19. Jahrhunderts, der Kanalstrahlen, machte, ist die Assistentenstelle nicht sehr viel. Da er sich nicht habilitiert hatte, also auch kein akademisches Lehramt ausübte, ist der Professorentitel als Titularwürde zu verstehen. Was aber für ihn schwer wog, war die Tatsache, daß er kein eigenes Laboratorium mit entsprechenden Hilfsmitteln erhielt. Ein Jahrzehnt ist er deshalb gezwungen, sich um die Gastfreundschaft anderer Institutionen zu bemühen.

Als die vornehmlich auf Initiative Foersters 1889 gegründete Urania in Berlin eröffnet wird, übernahm er die Einrichtung ihrer physikalischen Abteilung. Er hofft dort, Möglichkeiten für die Fortsetzung eigener Arbeiten zu finden. Aber er gibt mehr, als er nimmt. Zwischen 1889 und 1892 entwickelt er jene automatisierten physikalischen Demonstrationsversuche, die vom Laien nach beigefügter Anweisung durch einfachste Manipulationen betätigt werden können. Viele Einrichtungen, z. B. das Deutsche Museum, haben diese Methode später übernommen.

Glücklicherweise konnte E. Goldstein 1890 durch Vermittlung von H. v. Helmholtz in der Physikalisch-technischen Reichsanstalt einen Arbeitsplatz als Gast erhalten. Aber 1896 wird es für ihn sehr schwierig. Die ihm von der Physikalisch-technischen Reichsanstalt für seine experimentellen Arbeiten gewährten Räumlichkeiten und Hilfsmittel werden wegen Raummangels anderweitig verwendet. 1897 wird im Jahresbericht der Sternwarte lakonisch mitgeteilt, daß er seine Arbeiten nicht durchführen konnte. Erst 1898 wird von einer Wiederaufnahme der Arbeiten berichtet.

Nur dem persönlichen Engagement Foersters ist es zu danken, daß endlich 1898 etatsmäßige Mittel zur Unterbringung Goldsteins bewilligt wurden. Diese Mittel wurden benutzt, um in Berlin-Schöneberg, Grunewald-Str. 92 in einem Mietshaus jenes Laboratorium einzurichten, das anfangs erwähnt wurde. Es bestand dort bis 1927.

Spätere Besucher dieses Laboratoriums berichteten, daß als dauernde Einrichtungsgegenstände lediglich eine Geisslersche Quecksilberpumpe mit Handbetrieb, ein Funkeninduktor, ein Spektroskop, einige Leidener Flaschen, ein Glasblasetisch und als einzige Meßinstrumente ein Funkenmikrometer, Maßstab und Zirkel vorhanden waren. Als Hilfskraft gab es einen Glasbläser, der zugleich als allgemeine Laborkraft fungierte. Zur Einstellung eines wissenschaftlichen Mitarbeiters waren keine Gelder vorhanden.

So mußte sich nach 1898 FOERSTER unablässig mühen, die gering bemessenen Gelder für die Forschungen GOLDSTEINS aus bestehenden oder zu schaffenden Fonds aufzubessern. Häufig genug hat Geldmangel die Fortsetzung seiner Arbeiten bedroht.

Woher die Schwierigkeiten kamen, denen GOLDSTEIN immer wieder ausgesetzt war, ist nicht klar zu ersehen. Solange HELMHOLTZ lebte — er starb 1894 — hatte er in ihm einen steten Förderer und Befürworter seiner Arbeiten. Erste Schwierigkeiten tauchten aber schon auf, als der Versuch FOERSTERS, die Einrichtung eines physikalischen Labors, bzw. eine zeitweilige Unterbringung GOLDSTEINS im Astrophysikalischen Observatorium zu erreichen, von H. C. VOGEL, dem damaligen Direktor, abgelehnt wurde [8]. VOGELS Gründe, daß die Forschungen GOLDSTEINS nicht in das Konzept der laufenden Arbeiten passen, sind plausibel. Aber die oben zitierte Meinung J. SCHEINERS dürfte doch wohl einen gewichtigen Hintergrund seiner Entscheidung aufdecken.

Einen weiteren Hinweis gibt GOLDSTEIN selbst. In seinen schon erwähnten Erinnerungen [1] spricht er von einem Gegner, er nennt ihn sogar seinen Dauergegner: ALTHOFF. ALTHOFF war in jener Zeit in der preußischen Ministerialbürokratie des Kultusministeriums die „graue Eminenz“ für Universitäts- und höheres Schulwesen und seit 1900 sogar Ehrenmitglied der Berliner Akademie. Er war somit eine entscheidende Persönlichkeit. Die Ursachen dieser Gegnerschaft werden allerdings durch diese Bemerkung nicht erhellt.

Durch einen Briefentwurf von FOERSTER aus dem Jahre 1902, in dem er seine Gedanken über einen zu gründenden Forschungsfonds darlegt, wird die Aufmerksamkeit noch auf eine andere Tatsache gelenkt. Das imperiale Großmachtstreben in Deutschland führte — so FOERSTERS Ausdruck „zu einer hypernationalen Überreiztheit“, die die volle Würdigung der Entdeckungen GOLDSTEINS in Deutschland störte, „weil er Jude ist.“ [9]

Welche bedeutenden Entdeckungen hat GOLDSTEIN gemacht?

In der ersten Hälfte des vorigen Jahrhunderts galten die in genügend evakuierten Röhren bei elektrischen Entladungen auftretenden form- und farbenprächtigen Erscheinungen mehr als Merkwürdigkeiten, denn als ein Forschungsobjekt. Es boten sich keinerlei Anhaltspunkte dar, einem Verständnis der sich dort abspielenden Prozesse näher zu kommen. Erst dadurch, daß J. PLÜCKER und vor allem W. HITTORF und W. CROOKES ihre Beobachtungen auf die vergleichsweise einfacheren Vorgänge an der negativen Elektrode in den Entladungen konzentrierten, gelingt HITTORF jene folgenreiche Entdeckung einer Strahlenart, für die später GOLDSTEIN den Namen „Kathodenstrahlung“ prägte. PLÜCKER stellte 1859 eine der negativen Elektrode gegenüber liegende Fluoreszenz der Glaswand fest. 1869 schließt HITTORF aus den scharf begrenzten Schatten von Körpern, die zwischen Kathode und fluoreszierender Wand aufgestellt sind, auf eine geradlinige Strahlenausbreitung und beobachtet ihre magnetische Ablenkbarkeit, aus deren Richtung auf eine negative Ladung geschlossen werden konnte. F. VARLEY vertrat bereits 1871 die Ansicht — später wurde diese vor allem von CROOKES verfochten —, daß die Kathodenstrahlen Gasteilchen seien, die bei Berührung mit der Kathode negative Aufladung erfahren, von ihr abgestoßen werden und dann das verdünnte Gas durchfliegen.

Man kann also sagen, daß sich durch die vorgenannten Arbeiten das von GOLDSTEIN gewählte Forschungsgebiet „der elektrischen Entladungen in verdünnten Gasen“ zwar als besonderer Untersuchungsgegenstand etabliert hatte, daß aber das meiste noch terra incognita war.

GOLDSTEIN schließt sich in seinen Untersuchungsmethoden zunächst seinen Vorgängern an. Er sichert den Nachweis der geradlinigen Ausbreitung der Kathodenstrahlung durch weitere Versuche. Dann versucht er erste Geschwindigkeitsbestimmungen zu machen. Natürlich konnten diese Untersuchungen unter den damaligen experimentellen Voraussetzungen kein irgendwie gesichertes Resultat liefern. Aber die Ergebnisse bestärkten ihn in seiner Auffassung, daß die Kathodenstrahlen keine von der Kathode fortgeschleuderten Gasteilchen, sondern wegen ihrer vermuteten hohen Geschwindigkeit nur Ätherwellen sein könnten. Auch für H. HERTZ, der bei Glimmentladungsversuchen eine Geschwindigkeit von 1/3 Lichtgeschwindigkeit für die Kathodenstrahlung errechnet, ist das ein Argument für die Ätherwellen-Auffassung.

Bereits in seiner zweiten Veröffentlichung aus dem Jahre 1876 teilte GOLDSTEIN die fundamentale Beobachtung einer elektrostatischen Ablenkbarkeit der Kathodenstrahlen mit [10]. In der 1880 erschienenen umfangreichen Doktorarbeit mit dem Titel „Eine neue Form der elektrischen Abstossung“ werden die Versuche zur Ablenkung der Kathodenstrahlen an einer zweiten Kathode oder, wie sie GOLDSTEIN benannte: die Deflexion, ausführlich beschrieben. Durch Variation der angelegten Spannungen findet er eine Ablenkung, die sich proportional einem Quotienten aus ablenkender Kraft zu Steifigkeit des Strahls ausdrücken läßt. In diesem Quotienten wächst der Zähler proportional der Spannung der ablenkenden, der Nenner proportional der Spannung der emittierenden Kathode.

Diese Entdeckung wurde lange bezweifelt. Erst die Herstellung exakterer Versuchsbedingungen für die Untersuchung der Kathodenstrahlen ermöglichten es, die Zweifel zu zerstreuen. So konnten ungefähr 20 Jahre später W. KAUFMANN und E. ASCHKINASS [11] die Verdienste GOLDSTEINS an dieser Entdeckung klarstellen. Sie wiesen nach, „daß der Proportionalitätsfaktor des Quotienten aus den Röhrendimensionen und dem Kathodenfeld, unter der Annahme rein elektrostatischer Ablenkung bewegter Teilchen, berechnet werden kann.“

In der Sitzung der Berliner Akademie vom 29. Juli 1886 legte H. v. HELMHOLTZ eine Arbeit von E. GOLDSTEIN mit dem Titel „Über eine noch nicht untersuchte Strahlungsform an der Kathode induzierter Entladungen“ vor [12]. In dieser Veröffentlichung wird die Entdeckung der Kanalstrahlen — den Namen prägte GOLDSTEIN — mitgeteilt. Mit dieser Arbeit trug GOLDSTEIN seinen Namen in die Annalen der Physik ein.

Abb. 2 zeigt jenes Entladungsrohr, mit dem GOLDSTEIN die Kanalstrahlen entdeckte. Darin bedeutet a den positiven und d den negativen Anschluß eines Induktors. Die Kathode R besteht aus einem zylinderförmig gebogenen Drahtnetz, das unten durch einen abgeschmolzenen Glaspfropfen verschlossen ist. Das obere Ende ist auf das enge Glasrohr des Anodenraumes aufgeschoben.

Bei einem so geformten Entladungsrohr bestanden aus der Erfahrung Zweifel, ob bei der Entladung auch an der Außenseite der Netzkathode ein Leuchten auftritt. Statt der erwarteten Alternative: Geringes bläuliches Kathodenlicht oder Dunkelheit im äußeren Umgebungsraum der Kathode, trat ein neuer Effekt auf: Gelbe leuchtende Strahlen erfüllten den äußeren Raum bis zur Wand.

Um das Phänomen ohne Beimischung von kathodischem Licht untersuchen zu können, baute GOLDSTEIN Röhren, die durch eine eng an der Glaswandung anliegende Kathode die Röhre in zwei Teile trennt. Im einen Teil befinden sich dann Anode und Kathode, in den anderen treten die Strahlen durch in die Kathode gebohrte Kanäle ein (Abb. 3). Er findet weder eine elektrische noch eine magnetische Ablenkung. Aber er stellt aus der Ähnlichkeit der Farbe, des Spektrums und dem magnetischen Verhalten eine Wesensgleichheit der Kanalstrahlen mit der an der Vorderfläche der Kathode befindlichen ersten Schicht des Kathodenlichtes fest.

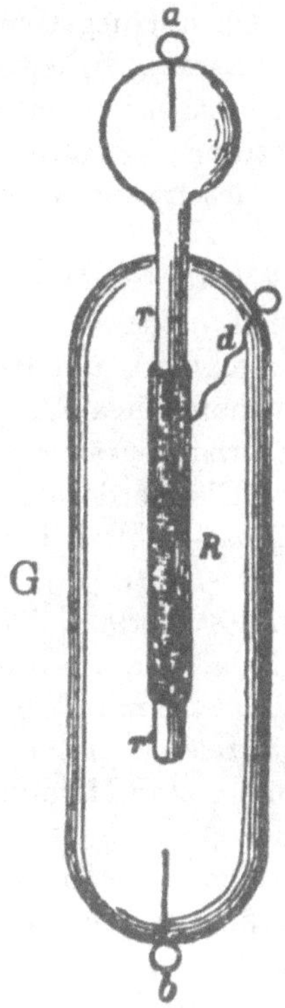

Abb. 2. Entladungsrohr, mit dem E. Goldstein die Kanalstrahlen entdeckte

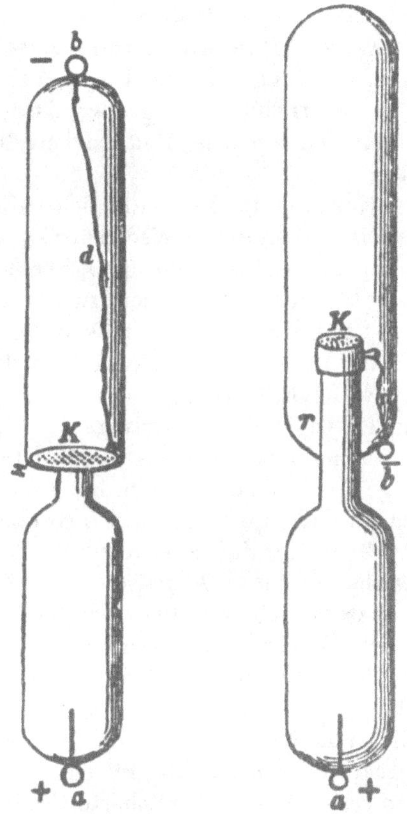

Abb. 3. Spätere Kanalstrahlrohrtypen

Gewiß konnte zum damaligen Zeitpunkt niemand die Tragweite dieser Entdeckung abschätzen. Es war noch ein langer Weg zum richtigen Verständnis zu durchschreiten, ehe ab 1898 eindeutige Vorstellungen über das Wesen der Kanalstrahlen erreicht wurden. Aus den Ablenkungen im elektrischen und magnetischen Feld, der Bestimmung des Verhältnisses von e/m und der Ladungsvorzeichen im Magnetfeld konnten W. Wien und J. J. Thomson klarstellen, daß es sich bei den Kanalstrahlen um positiv oder negativ geladene Atome bzw. Moleküle handelt. In den Händen von J. J. Thomson und F. W. Aston wurden Kanalstrahlen als Ionenquellen bei ihrer Entwicklung der Massenspektrographie erfolgreich benutzt. J. Stark verwandte sie bei seinen Untersuchungen über die Einwirkung elektrischer Felder auf das Leuchten von Atomen. Bei der ersten

Atomumwandlung mit künstlich hergestellten Geschossen — 1932 von Cockroft und Walton durchgeführt — wurden ebenfalls Kanalstrahlen als Ionenquelle verwendet.

Aber nicht nur im Bereich der Anwendung wiesen die Kanalstrahlen ihre große Bedeutung nach. Sie drangen auch in tiefe erkenntnistheoretische Fragen ein. H. Poincaré führt in seinen Überlegungen zur „Neuen Mechanik" [13] mehrfach die Kanalstrahlen als weitere Testpartikeln an. Die Kathodenstrahlen konnten nach experimentellen und theoretischen Untersuchungen als kleinste Partikeln mit negativer Ladung aufgefaßt werden. Ihre sehr geringe Masse ergab sich als geschwindigkeitsabhängig. Es war nun die Frage, ob die Kanalstrahlteilchen, deren Masse nach den Versuchsergebnissen als erheblich viel größer als die der Kathodenstrahlteilchen angenommen werden mußte, eine gleiche Abhängigkeit der Masse von der Geschwindigkeit wie diese aufweisen.

Da die Prinzipien der Mechanik sich auf den Begriff der konstanten Masse gründen, mußten sie in bestimmter Weise geändert werden. Nachdem Lorentz durch die Kontraktionshypothese den Michelson-Versuch erklären konnte, wird, um das Prinzip der Relativität der Bewegungen zu wahren, diese geschwindigkeitsabhängige Kontraktion auf alle Körper einschließlich der elementaren Elektrizitätsträger — also der Kathodenstrahl-, bzw. Kanalstrahlpartikeln — ausgedehnt. Die Forderung eines allgemeinen Relativitätsprinzips setzt somit auch für die Kanalstrahlteilchen eine geschwindigkeitsabhängige Masse voraus.

Die hier angezeigte Problematik führt tief in die Relativitätstheorie und wurde erst durch sie gelöst. Noch einmal wurden Kanalstrahlen in der Relativitätstheorie zur Entscheidung einer allgemeinen Frage eingesetzt. 1938 gelang H. E. Ives und C. R. Stilvell und 1939 G. Otting die experimentelle Bestätigung des rein relativistischen transversalen Dopplereffektes an Kanalstrahlen. Damit war auch zum ersten Mal auf direktem Weg die relativistische Zeitdilatation nachgewiesen worden.

An der seit 1898 in Gang gekommenen quantitativen experimentellen Erforschung der Kanalstrahlen beteiligte sich Goldstein nicht. Dafür überrascht er aber in seiner Veröffentlichung von 1901 [12] durch die Entdeckung der K_1-Strahlen. Die K_1-Strahlen, die sich in Richtung der Kathodenstrahlen ausbreiten, werden von J. J. Thomson noch einmal entdeckt und von ihm als „retrograde rays" bezeichnet. Sie werden später als negative Ionen erkannt. 1902 bereicherte Goldstein seine Arbeiten über die Kanalstrahlen durch die Entdeckung und Beschreibung der Kanalstrahlengruppe [12]. Die hier beschriebenen Strahlenarten stellten der quantitativen Analyse wichtige Aufgaben.

Ab 1918 beschäftigte sich Goldstein noch einmal mit dem Thema Kanalstrahlen. Er beobachtete beim Anlegen eines Magnetfeldes eigenartige Strahlen in der Nähe der Anode [14]. Sie werden von ihm als „Magnetkanalstrahlen" und „Isolatorentladungen" bezeichnet. Nach J. Langmuir und H. Mott-Smith [15] werden die beobachteten Lichterscheinungen durch Elektronen hervorgerufen, die durch das Zusammenwirken elektrischer und magnetischer Felder, sowie negativer Wand- und positiver Raumladungen, komplizierte Bahnkurven durchlaufen.

Im spektroskopischen Gebiet gelingen Goldstein drei weitere bedeutende Entdeckungen:

Bei der Beschäftigung mit Emissionsspektren fiel ihm auf, daß Cäsium, Rubidium und Kalium je zwei Linienspektren besitzen, die keine einzige Linie gemeinsam haben.

Frühere Beobachter, z. B. H. KAYSER und C. RUNGE vermuteten Verunreinigungen. Etwas später stellen EDER und VALENTA für Rubidium und Cäsium bei Funkenentladungen im Ultraviolett bis Blau die Existenz beider Spektrenarten fest. Daraus könnte man — so GOLDSTEIN — schließen, daß durch eine Funkenentladung die schon bekannten Bogenspektren der untersuchten Alkalien lediglich um weitere Linien bereichert werden. Aber er vermutet Wesentlicheres, deshalb nimmt er auch als erster systematische Untersuchungen auf.

Durch die Entwicklung geeigneter Entladungsröhren konnte er die Entladungsdichte, bezogen auf die Masseneinheit des Metalldampfes, gegenüber der damals üblichen Grenze erheblich steigern. Er erreichte im optischen Bereich das Verschwinden aller Bogenlinien und erhielt nur sogenannte serienfreie Linien oder — wie wir heute sagen — Funkenlinien [16].

Aber er begnügte sich nicht mit der Reindarstellung des Funkenspektrums. Er stellte fest, daß die für das Auftreten der Funkenlinien erforderlichen Entladungsstärken in der Richtung Cäsium über Rubidium zu Kalium wachsen, d. h., sie werden umso größer, je kleiner das Atomgewicht ist. Für die in dieser Richtung folgenden Elemente Natrium und Lithium findet er zwar eine Schwächung der Bogenlinien, bei Natrium mehr als bei Lithium, aber er bezweifelt nicht, daß bei verbesserter Apparatur, die eine weitere Steigerung der Entladungsdichte ermöglicht, das Bogenspektrum auch bei diesen Elementen ganz durch das Funkenspektrum ersetzt wird. Die solchen starken Entladungen ausgesetzten Alkaliatome geraten nach seiner Meinung in einen elementaren Zustand, in dem sie dann — wie er die Funkenspektren nannte — Grundspektren emittieren. Er beabsichtigte übrigens auch im Sonnenlicht nach Linien der Grundspektren zu suchen.

GOLDSTEINS Ergebnisse spielten eine wichtige Rolle bei der Aufstellung des spektroskopischen Verschiebungssatzes (1919). W. KOSSEL und A. SOMMERFELD konnten ihren Vergleich der Erdalkali- mit den Alkalispektren dadurch sofort von den Alkali- auf die Edelgasspektren ausdehnen.

In der Zeit der Untersuchung seiner Grundspektren hatte GOLDSTEIN sich auch genauere Kenntnis von dem spektralen Verhalten des Heliums verschaffen wollen. Dabei hoffte er, auch beim Helium auf ein Grundspektrum zu stoßen, was ihm aber nicht gelang. Bei der Wiederaufnahme seiner Versuche fand er etwas völlig Neues, nämlich das sogenannte Viellinienspektrum des Heliums [17]. Er fand, daß der Charakter dieses Spektrums zwischen dem Viellinienspektrum des Wasserstoffmoleküls und dem eines ausgesprochenen Bandenspektrums, z. B. des Cyans, liegt. Er schloß daraus, daß das von ihm beobachtete Viellinienspektrum — er veröffentlichte seinerzeit sehr beachtete Spektrophotogramme darüber — dem Heliummolekül angehört.

Diese Entdeckung hat der Physik und der Chemie ein Problem aufgegeben, das erst durch die Wellenmechanik geklärt werden konnte.

Schon in seinen ersten Arbeiten beschäftigte sich GOLDSTEIN mit Fluoreszenz- bzw. Phosphoreszenzerscheinungen, die durch Kathodenstrahlen oder Licht erregt werden. Nachdem E. WIEDEMANN bei reinen organischen Substanzen durch Einwirkung von Kathodenstrahlung die Emission eines kontinuierlichen Spektrums beobachtet hatte, beginnt GOLDSTEIN zwischen 1904 und 1912 seine Versuche an Stoffen der aromatischen Reihe. Diese Untersuchungen schließen sich jenen Forschungen an, die GOLDSTEIN zur Entdeckung der Nachfarben geführt hatten. Es handelt sich dabei um nachdauernde Verfärbungen chemischer Substanzen unter Einwirkung von Bestrahlungen. Er fand, daß geringe Verunreinigungen — 1 zu 10000 — die Nachfarbe beeinflussen können. Ähnliches zeigte nun auch die durch Kathodenstrahlung hervorgerufene Phosphoreszenz fester Körper. Er findet, daß Beimengungen von 1 zu 10 Millionen erkennbare andersfarbige Phosphoreszenz erzeugen.

Die Ausdehnung seiner Versuche auf Körper, die bei Zimmertemperatur flüssig sind, erforderten eine Kühlung. Deshalb werden die aromatischen Stoffe von ihm bei der Temperatur der flüssigen Luft entweder ultraviolettem Licht oder Kathodenstrahlung ausgesetzt. Auf diesem Wege entdeckt er die Phosphoreszenz — Linienspektren dieser Stoffe [18].

Bei der Bestrahlung der gekühlten reinen Substanz tritt zunächst ein „Vorspektrum" auf. Die Vorspektren verschiedener Substanzen sind nicht identisch, zeigen aber alle den gleichen Bau. Nach längerer Bestrahlung verschwindet das Vorspektrum, und es erscheint das „Hauptspektrum" der betreffenden Substanz. Diese Hauptspektren sind so charakteristisch für eine große Zahl dieser Stoffe, daß selbst Isomere danach unterschieden werden können.

Nach einer solchen Aufzählung der wichtigsten Entdeckungen GOLDSTEINS, taucht häufig die Frage nach seiner Versuchsmethodik auf. Physiker von Rang, die ihn kannten, wie A. SOMMERFELD, C. RAMSAUER und W. KAUFMANN haben sich dazu geäußert. Übereinstimmend bestätigen sie die Äußerung von GOLDSTEIN, daß er ein abnorm gutes Unterscheidungsvermögen und Gedächtnis für Farben und Farbunterschiede besessen habe, das ihm — wie er sagte — bei seinen Untersuchungen unentbehrlich gewesen sei. A. SOMMERFELD meint deshalb, daß aus diesem Grunde nicht der Spektrograph, sondern das Spektroskop sein Arbeitsmittel gewesen sei. Mit seinem visuellen Sinn geht bei GOLDSTEIN eine hohe Prägnanz in der Beschreibung seiner Beobachtungen einher, die ihn auch zu schöpferischen Wortbildungen wie Kathodenstrahlen, Kanalstrahlen, Nachfarben u. a. befähigte, die sich international durchsetzten. Danach ist anzunehmen, daß sein Denken stark von der Anschauung her geprägt war und deshalb weniger dem Quantitativen als dem Qualitativen nachging. Hinzu kommt sein ungeheurer Fleiß und seine Beharrlichkeit beim Verfolgen neuer Phänomene durch die Konstruktion entsprechender Anordnungen, die die Eigenschaften des Phänomens stärker hervortreten lassen.

W. KAUFMANN glaubte, daß es sich bei GOLDSTEIN mehr um eine Variation der Versuchsbedingungen bis zur äußersten Grenze handelt. Dabei spielen weniger quantitative Zusammenhänge eine Rolle, als viel mehr die Methode der Ausschließung. Er konnte dadurch aus der Vielheit denkbarer Deutungen eine oder wenige auswählen. Er erinnert an das BACONsche „experimentum crucis." C. RAMSAUER urteilt so: Er vergleicht GOLDSTEINS Arbeitsmethode mit der flotten Experimentierweise FARADAYS. Er meint, daß FARADAY von Versuchsordnung zu Versuchsordnung durch theoretische Überlegungen fortschreitet, während GOLDSTEIN variierte, um zu variieren, allerdings mit der Erfahrung, jede neue Versuchsanordnung wird seinem geübten Beobachtungsvermögen neue Ergebnisse offenbaren. RAMSAUER setzt hinzu, daß im Unterbewußtsein dabei theoretische Vorstellungen selbstverständlich mitgewirkt haben.

Von welcher Art diese Vorstellungen gewesen sind, kommt z. B. in GOLDSTEINS Bemerkungen zur Wirkung von Kathodenstrahlen und ultraviolettem Licht auf Körper zum Ausdruck.

1901 stellt er in einer Arbeit alle damals bekannten Wirkungen, die durch Ultraviolettbestrahlung an Körpern hervorgerufen werden, den Wirkungen gegenüber, die durch

Erregung mit Kathodenstrahlung an den gleichen Körpern erzeugt werden. Aus der Gleichheit der Wirkungen hält GOLDSTEIN es für wahrscheinlich,

„daß ein großer Teil der Wirkungen, welche gegenwärtig den Kathodenstrahlen zugeschrieben werden, nicht diesen selbst unmittelbar zukommt, sondern sehr kurzwelligem ultravioletten Licht, das an den Enden der Kathodenstrahlen, bzw. bei ihrem Anprall gegen ein Hindernis erzeugt wird."

Und er fügt hinzu:

„Über das Wesen der Kathodenstrahlen, die nicht etwa auch identisch sind mit ultraviolettem Licht, soll hierbei nichts ausgesagt werden."

10 Jahre später in seinen Untersuchungen über Emissionsspektren fester aromatischer Substanzen nennt er diese Vorstellung ein „bisher stets mit Erfolg benutztes heuristisches Prinzip."

Bei den Untersuchungen über Grundspektren dürften Vorstellungen von J. J. THOMSON, wie sie dieser in seinen Vorlesungen „Elektrizität und Materie" von 1903 über den Aufbau der Elemente dargelegt hat, von GOLDSTEIN als Anregung benutzt worden sein.

Von einem Mann, der experimentelle Leistungen so großer Tragweite vollbracht hat, sollte man annehmen, daß ihm in seinem Leben viele äußere Ehrungen zuteil wurden. Das kann man aber bei GOLDSTEIN nicht sagen, insbesondere seine Landsleute hielten sich lange zurück. Von der Pariser Akademie wurde ihm 1903 ein Preis zuerkannt, 1908 erhielt er die Hughes-Medaille der Royal Society. 1919 ernannte ihn die Deutsche Physikalische Gesellschaft zum Ehrenmitglied und zu seinem 70. Geburtstag erschien in den „Naturwissenschaften" ein Heft, in dem sein Wirken gewürdigt wurde. Dort ist auch ein Gesamtverzeichnis der Veröffentlichungen GOLDSTEINS im Aufsatz von O. REICHENHEIM zusammengestellt worden [19].

10 Jahre später, zu seinem 80. Geburtstag, ehrte ihn die Deutsche Physikalische Gesellschaft durch Herausgabe seiner Arbeiten über Kanalstrahlen in „OSTWALDS Klassiker der exakten Wissenschaften." Eines der ersten Exemplare wurde ihm auf einer Sitzung der Gesellschaft in Königsberg feierlich überreicht.

Knapp ein Vierteljahr danach stirbt GOLDSTEIN. Er stirbt ohne Nachkommen — er hatte sich erst als 75jähriger verheiratet. Über seinen Tod kann man im Jahresbericht der Sternwarte Berlin-Babelsberg von dem damaligen Direktor P. GUTHNICK folgende Mitteilung lesen: „Am 25. 12. 1930 verschied das langjährige physikalische Mitglied der Sternwarte, EUGEN GOLDSTEIN, der Entdecker der Kanalstrahlen, im Alter von 80 Jahren. Sein der Sternwarte angegliedertes, in Berlin gelegenes Laboratorium ist vor einigen Jahren aufgelöst worden, wird aber in Neubabelsberg wieder aufgebaut. Das neue Laboratorium soll zum Andenken an die Zugehörigkeit GOLDSTEINS zur Berliner Universitäts-Sternwarte seinen Namen tragen."

Literatur

[1] GOLDSTEIN, E.: Naturw. **9**, 708 (1921).
[2] WESTPHAL, W.: Phys. Bl. **6**, 410 (1950).
[3] SCHEINER, J.: Königl. Obs. f. Astrophys., Mat. Geod. bei Potsdam-Bln. 1890.
[4] GOLDSTEIN, E.: Monatsber. d. Berl. Akad. 1880.
[5] GOLDSTEIN, E.: C. R. **126**, 1199 (1898).
[6] GOLDSTEIN, E.: C. R. **127**, 318 (1898).

[7] Goldstein, E.: Viertelj. Schr. d. Astr. Ges. 1893.
[8] vgl. Art. von D. B. Herrmann in diesem Heft.
[9] AAW Akte d. Berliner Sternwarte.
[10] Goldstein, E.: Monatsber. d. Berl. Akad. 1876
[11] Kaufmann, W., u. E. Aschkinass: Ann. d. Phys. **62**, 588 (1897).
[12] Sitzungsber. d. Berl. Akad. 1886 n. Ostwalds Klassiker Nr. 231.
[13] Poincaré, H.: „Wissenschaft und Methode" Leipzig u. Berlin 1914. Ich danke Prof. Dr. Treder für diesen Hinweis.
[14] Goldstein, E.: Z. S. f. Phys. **11**, 177 (1922).
[15] Langmuir, J., u. H. Mott-Smith: Gen. Elekt. Rev. **27**, 810 (1924).
[16] Goldstein, E.: Ber. d. D. Phys. Ges. **9**, 321 (1907).
[17] Goldstein, E.: Ber. d. D. Phys. Ges. **15**, 402 (1913).
[18] Goldstein, E.: Ber. d. D. Phys. Ges. **6**, 156 u. 185 (1904) und **13**, 378 (1911) und Phys. Z. **13**, 188 (1912).
[19] Reichenheim, O.: Naturw. **8**, 719 (1920).

Anschrift des Verfassers:

Otto Singer

Zentralinstitut für Astrophysik der Akademie der Wissenschaften der DDR
Sternwarte Babelsberg
DDR - 1502 Potsdam-Babelsberg
Rosa-Luxemburg-Str. 17a

DIE EINSTEIN-VERSCHIEBUNG DER SPEKTRALLINIEN MIT UND OHNE RELATIVITÄT

HANS-JÜRGEN TREDER

In der Geschichte der allgemeinen Relativitätstheorie und damit der geometrischen Gravitationstheorie nimmt EINSTEINS Arbeit „Über den Einfluß der Schwerkraft auf die Ausbreitung des Lichtes" von 1911 [2, 3] eine entscheidende Stelle ein. EINSTEIN begründete in [2] die relativistische Gravitationsoptik, indem er auf das Licht, dessen Trägheit nach der speziellen Relativitätstheorie auf Grund von EINSTEINS Energie-Masse-Äquivalenz $E = mc^2$ sicher war, die universelle Äquivalenz von Trägheit und Schwere, die Proportionalität von träger und schwerer Masse, ausdehnte. — Dieser Gedankengang sollte auch umgekehrt die universelle Äquivalenz von Trägheit und Schwere als das Fundament der Geometrisierung des Gravitationspotentials in der von EINSTEIN angestrebten allgemeinen Relativitätstheorie (ART) sichern.

Auf EINSTEINS Arbeit [2] beziehen sich dann auch die ersten Vorschläge zu einer astronomischen Prüfung der ART, die seit 1914 an der Babelsberger Sternwarte von E. F. FREUNDLICH vorgetragen wurden. Neben einer astrometrischen Ausmessung des Effektes der Lichtbeugung durch das Gravitationsfeld der Sonne wollte FREUNDLICH die von EINSTEIN aus dem Äquivalenzprinzip erschlossene Verschiebung der Spektrallinien durch ein Gravitationspotential aus bereits vorliegenden astrophysikalischen Beobachtungen verifizieren.

FREUNDLICHS Schlüsse hielten hier aber der Kritik durch H. v. SEELIGER (1915) nicht stand. (Die scharfe Polemik von SEELIGER gegen FREUNDLICH fand 1915/16 ein Echo im Briefwechsel zwischen EINSTEIN und A. SOMMERFELD und EINSTEIN und H. STRUVE, dem Direktor der Sternwarte.)[1])

Jedoch bemerkte FREUNDLICH grundsätzlich zu Recht, daß diesem EINSTEINschen Effekt deswegen eine besondere Bedeutung zukommt, weil seine Größe $\Delta\nu/\nu = -\Delta\lambda/\lambda$ allein aus den Äquivalenzprinzipien folgt und nicht von der konkreten Form der relativistischen Gravitationsgleichungen abhängt.

Neuerdings ist nun gerade EINSTEINS Arbeit [2] selbst kontrovers geworden. Es wurden Einwände gegen EINSTEINS Anwendung seiner Relativitätsprinzipien im Rahmen der NEWTONschen Gravitationstheorie gemacht. In [2] (s. auch [3]) kombinierte EINSTEIN ja die Lichttheorie mit NEWTONS Gravitationsgesetz, um über die Relativität der Bezugssysteme und die Trägheit der Energie auf den Einfluß der Gravitation auf die Lichtfortpflanzung zu schließen. Gegen diese Begründung der Gravitationsoptik läßt sich nun einwenden, daß es inkonsistent ist, speziell-relativistische LORENTZ-kovariante Lichttheorien — sei es die MAXWELLsche Elektrodynamik oder EINSTEINS Lichtquantentheorie — mit dem GALILEI-invarianten NEWTONschen Gravitationsgesetz zu verbinden.[2])

Schlüssige Äquivalenzbetrachtungen, bei denen das NEWTONsche Gravitationsgesetz oder das GALILEIsche Fallgesetz verwandt werden, müßten mit einer klassischen Lichttheorie kombiniert werden, die das Licht als einen klassischen (GALILEIschen) Teilchenstrom darstellt.[3])

Soweit sich diese Bemerkungen auf die Herleitung der Lichtablenkung (Krümmung der Lichtstrahlen) durch die Gravitation beziehen, rennen sie offene Türen ein [10]. Denn bereits 1801 hatte der damalige Mitarbeiter von J. E. BODE an der Berliner Sternwarte, J. SOLDNER [8], die Lichtablenkung durch die NEWTONsche Gravitation auf der Grundlage von NEWTONS Emissionstheorie des Lichtes berechnet. SOLDNER ging davon aus, daß aus der Aberration zwingend folgt, daß die Lichtpartikeln träge Massen μ besitzen, und schrieb diesen Lichtpartikeln unter Berufung auf die GALILEIsche Proportionalität von träger und schwerer Masse daher auch schwere Massen μ zu. — Die Rechnung SOLDNERS ist analog zur Bahnbestimmung hyperbolischer Kometen [8] (vgl. hierzu [9] und [10]). SOLDNER ging von der Vorstellung aus, daß das Licht aus klassischen Teilchen besteht, die sich im gravitationsfreien Vakuum alle mit derselben Geschwindigkeit $v_0 = c$ bewegen. SOLDNER erhielt für die Lichtablenkung genau den von EINSTEIN [2] aus seinen Äquivalenz-Betrachtungen allein gefundenen Wert, also die Hälfte des allgemein-relativistischen Betrages (EINSTEIN 1915 [3], vgl. TREDER [9]). — Angeregt durch EINSTEINS Arbeiten wurde SOLDNERS elementare Rechnung seit 1912 u. a. von H. v. SEELIGER, A. S. EDDINGTON und H. BAUER wiederholt.

Im Gegensatz zu der geometrisch-optischen Lichtablenkung ist die Verschiebung der Spektrallinien im Schwerefeld ein physikalisch-optischer Effekt. Wegen der Unklarheit ihrer kinematischen Voraussetzungen und des fehlenden Zusammenhangs von Teilchen- und Wellenbild reicht die NEWTONsche Emissionstheorie nicht aus, um hierüber Aussagen zu machen. Will man unter Berufung auf die GALILEI-Invarianz des NEWTONschen Gravitationsgesetzes die EINSTEINsche Verschiebung der Spektrallinien durch Äquivalenzbetrachtungen im Rahmen rein klassischer Raum-Zeit-Vorstellungen abhandeln, so ist die MAXWELLsche Lichttheorie durch eine GALILEI-invariante Elektrodynamik zu substituieren. Eine solche Lichttheorie liegt in der „ballistischen Lichttheorie" von W. RITZ [6] (1908) seit langem vor.

Den freien Lichtpartikeln verschiedener Frequenzen ν_0 werden bei NEWTON, SOLDNER und RITZ verschiedene Teilchenmassen $\mu = \mu(\nu_0)$ zugeschrieben.[4]) Da diese Massen μ keine physikalische Bedeutung haben, müssen sie aus den Endergebnissen eliminiert werden. In SOLDNERS Theorie der Lichtkrümmung durch das Schwerefeld heben sich die Teilchenmassen wegen der Äquivalenz von Trägheit und Schwere fort. Bei der DOPPLERschen und der EINSTEINschen Verschiebung sind nur die Relativgrößen $\frac{\Delta\nu}{\nu}$ und $\frac{\Delta\lambda}{\lambda}$ wesentlich.

Mit der ballistischen Lichttheorie von RITZ korrespondiert eine nichtrelativistische Wellenmechanik (SCHRÖDINGERsche Wellenmechanik [7]), in der die Teilchengeschwindigkeit aller freien Partikeln eben die Vakuum-Lichtgeschwindigkeit $v_0 = c$ ist, so daß die DE BROGLIEsche Wellenlänge eines freien Lichtteilchens gleich seiner Compton-Wellenlänge $\lambda_0 = \frac{h}{\mu c}$ ist. Eine Frequenz ν des Lichts ist hingegen nicht eindeutig definierbar. Denn in der SCHRÖDINGERschen Wellenmechanik haben nur die Frequenzdifferenzen $\Delta\nu$ eine Bedeutung. Dies ist eine Folge davon, daß in der klassischen Mechanik die Energie einer freien Lichtpartikel der Masse $\mu = \mu(\nu_0)$ eine willkürliche Energie-Konstante A enthält.[5]):

$$h\nu = E = \frac{1}{2}\mu v^2 + A \to h\nu_0 = E_0 = \frac{1}{2}\mu c^2 + A. \tag{1}$$

Damit ist aber die relative Frequenzverschiebung $\Delta\nu/\nu$ undefiniert, und EINSTEINS Äquivalenzbetrachtungen liefern hier auch keine Aussagen über die Chronometrie der absoluten Zeit NEWTONS.

Jedoch läßt sich die EINSTEIN-Verschiebung $\Delta\lambda/\lambda$ der Wellenlänge λ bestimmen. Diese Verschiebung folgt aus der Wellenmechanik über die DE BROGLIE-Relation zwischen Wellenlänge λ und Impuls μv: Die Geschwindigkeit v der Lichtpartikeln ändert sich durch die Wirkung der Gravitation entsprechend dem Energie-Satz der klassischen Mechanik

$$\frac{\mu}{2}v^2 = \frac{\mu}{2}c^2 + \mu\Phi. \tag{2}$$

Hierbei ist $-\Phi$ das NEWTONsche Gravitationspotential, für das mit der GALILEIschen Fallbeschleunigung g

$$\Phi = gl = g\Delta x \tag{3}$$

gesetzt werden kann. Für die Teilchengeschwindigkeit ergibt sich so der (schon von LAPLACE (1799) und SOLDNER (1801) für die Lichtgeschwindigkeit verwandte) einfache Ausdruck:

$$v = c\sqrt{1 + 2\frac{\Phi}{c^2}} = c\sqrt{1 + 2\frac{gl}{c^2}} \approx c\left(1 + \frac{gl}{c^2}\right). \tag{4}$$

Hieraus folgt die Materie-Wellenlänge der Lichtpartikeln [7]

$$\frac{h}{\mu v} = \lambda = \lambda_0\left(1 + 2\frac{\Phi}{c^2}\right)^{-\frac{1}{2}} = \frac{h}{\mu c}\left(1 + 2\frac{\Phi}{c^2}\right)^{-\frac{1}{2}} \approx \frac{h}{\mu c}\left(1 - \frac{gl}{c^2}\right), \tag{5}$$

und in linearer Näherung ergibt dies die EINSTEIN-Verschiebung im Gravitationsfeld

$$\frac{\Delta\lambda}{\lambda_0} \approx \frac{\Delta\lambda}{\lambda} \approx -\frac{\Phi}{c^2} \approx -\frac{gl}{c^2}. \tag{5a}$$

Die absolute Frequenzänderung $\Delta\nu$ im Gravitationspotential Φ beträgt

$$\Delta\nu = \frac{1}{h}\Phi\mu = \frac{\Phi}{c\lambda_0} = \Delta E, \tag{6}$$

aber in die relative Frequenzverschiebung $\frac{\Delta\nu}{\nu}$ geht die unbestimmte Energie-Konstante A ein.

Andererseits folgt in der RITZschen Lichttheorie der DOPPLER-Effekt aus dem GALILEIschen Additionstheorem der Geschwindigkeiten.[6]) Die Relativgeschwindigkeit u addiert sich zur Lichtgeschwindigkeit im Ruhsystem c:

$$v = c + u. \tag{7}$$

Dies gibt die GALILEI-transformierte DE BROGLIE-Relation

$$\lambda = \frac{h}{\mu v} = \frac{h}{\mu(c + u)} = \frac{h}{\mu c}\left(1 + \frac{u}{c}\right)^{-1} = \lambda_0\left(1 + \frac{u}{c}\right)^{-1} \approx \lambda_0\left(1 - \frac{u}{c}\right), \tag{8}$$

woraus in linearer Näherung die DOPPLER-Verschiebung

$$\frac{\Delta\lambda}{\lambda_0} \approx \frac{\Delta\lambda}{\lambda} \approx -\frac{u}{c} \approx -\frac{\Delta v}{c} \tag{8a}$$

folgt.

Betrachten wir nun gemäß EINSTEINS [2] Gedankenexperiment ein mit der konstanten Beschleunigung g bewegtes System, so ist bei einem Abstand l zwischen der Quelle und dem Beobachter die Geschwindigkeit

$$u = gt = \frac{gl}{c} \tag{9}$$

die Relativgeschwindigkeit zwischen den Momenten $t = 0$ der Emission und $\Delta t = t$ der Absorption des Lichtes. Damit wird tatsächlich der DOPPLER-Effekt in einem mit der Beschleunigung g bewegten System in linearer Näherung gleich der NEWTONschen Gravitationswirkung (3) an dem (nichtrelativistischen) Lichtteilchen:

$$\frac{\Delta\lambda}{\lambda} \approx -\frac{u}{c} \approx -\frac{gl}{c^2} \approx -\frac{\Phi}{c^2}, \tag{10}$$

wie dies das Äquivalenzprinzip verlangt [3, 4], das somit auch bei streng NEWTONscher Argumentation (in linearer Näherung) gültig ist.

Alle Aussagen beziehen sich auf die relative Änderung $\Delta\lambda/\lambda$ der Wellenlänge λ. Die Bestimmung des DOPPLER-Effektes als Frequenzänderung $\Delta\nu/\nu$ gemäß RITZ, R. TOLMAN (1910) u. a. ist in der ballistischen Lichttheorie kontrovers (s. W. PAULI [5]): Die PLANCKsche Relation $E = h\nu$ und das GALILEIsche Additionstheorem der Geschwindigkeiten ergeben für die DOPPLERsche Frequenzverschiebung in der ballistischen Lichttheorie den, zu (6) linear äquivalenten, Ausdruck:

$$\Delta E = h\Delta\nu = \frac{1}{2}\,\mu(c + u)^2 - \frac{1}{2}\,\mu c^2 = \mu c u + \frac{1}{2}\,\mu u^2 \approx \mu c\Delta\nu \approx \frac{h}{\lambda_0}\,\Delta\nu \approx \frac{hgl}{\lambda_0 c}, \tag{11}$$

während in die relative Frequenzverschiebung $\Delta\nu/\nu$ wiederum die Energie-Konstante A eingeht.

Wegen der Nichtbestimmbarkeit der absoluten Frequenz ν bleiben in einer klassischen Lichttheorie die (physikalisch sowieso nicht meßbare) Phasengeschwindigkeit $V = \nu\lambda$ bzw. $V_0 = \nu_0\lambda_0$ und ihre Änderung

$$V - V_0 = \nu\lambda - \nu_0\lambda_0 = \Delta V = \Delta\nu\lambda_0 + \Delta\lambda\nu_0 + \Delta\lambda\Delta\nu \approx \left(\frac{\Delta\nu}{\nu} + \frac{\Delta\lambda}{\lambda}\right) V_0$$

grundsätzlich auch mathematisch unbestimmt. Unsere Argumente beziehen sich alle auf die Teilchengeschwindigkeit v. Diese Signalgeschwindigkeit wird nach der NEWTONschen Gravitationstheorie durch das Gravitationsfeld beschleunigt

$$v \approx c\left(1 + \frac{\Phi}{c^2}\right) > c, \quad \Phi = \frac{fM}{r},$$

indem die Lichtteilchen durch das Schwerezentrum angezogen werden (SOLDNER [8], s. TREDER [9]). Hingegen lehrt EINSTEINS Allgemeine Relativitätstheorie die Abbremsung der Lichtgeschwindigkeit durch das Gravitationsfeld [3]:

$$v \approx c\left(1 - \frac{2\Phi}{c^2}\right) < c.$$

Denn nach der Allgemeinen Relativitätstheorie werden alle Partikeln mit einer Radialgeschwindigkeit

$$|v| = |\dot{r}| > \frac{1}{\sqrt{3}}\, c\left(1 - \frac{2\Phi}{c^2}\right) = \frac{c}{\sqrt{3}}\left(1 - \frac{2fM}{c^2 r}\right)$$

relativ zu einem Gravitationszentrum $r = 0$ durch dieses Zentrum abgestoßen (HILBERT 1916) (s. [9]).

In der Astronomie werden die Spektrallinien und ihre Verschiebungen interferometrisch, d. i. durch die Ausmessung der Wellenlängen λ und ihrer Änderungen $\Delta\lambda$, bestimmt. Daher reichen (in linearer Näherung) (8) und (10) grundsätzlich für die astronomischen Beobachtungen von DOPPLER- und EINSTEIN-Verschiebungen aus. — Aus den Gleichungen (4) und (7) läßt sich aber im Rahmen der NEWTONschen Emissionstheorie und der ballistischen Lichttheorie von W. RITZ die Äquivalenz der Frequenz-Verschiebungen an einem mit g beschleunigten Bezugssystem mit den Frequenz-Änderungen bei der Beobachtung in einem homogenen Gravitationsfeld mit dem Potential $\Phi = gl + const$ direkt zeigen.

Hierzu benutzen wir die schon von O. RÖMER (1676) bei seiner astronomischen Bestimmung der Lichtgeschwindigkeit bemerkte Änderung der beobachteten Periode $T = \frac{1}{\omega}$ einer Lichtquelle Q auf Grund der Bewegung des Beobachters O relativ zu Q. Während in der klassischen Theorie von DOPPLER zwischen den Bewegungen der Quelle Q und des Beobachters O zu unterscheiden ist, hängt nach der GALILEI-invarianten ballistischen Lichttheorie der Effekt nur von der Relativgeschwindigkeit u von Q und O ab. Ist ω_0 die Eigenfrequenz $\frac{1}{T_0}$ der Lichtquelle, so beträgt die beobachtete Frequenz gemäß RITZ und TOLMAN (1910)

$$\omega = \omega_0 \frac{v}{c} = \omega_0 \frac{c + u}{c}. \tag{12}$$

(12) entspricht DOPPLERS Ausdruck für einen mit u bewegten Beobachter.

Wird nun angenommen, daß Q und O relativ zueinander ruhen und einen festen Abstand l untereinander haben, das Gesamtsystem „Q plus O“ aber mit g beschleunigt bewegt wird, so ist die ballistische Lichtgeschwindigkeit v relativ zu O im Moment der Signalaussendung in Q kleiner als zum Moment des Empfanges in O. Die Geschwindigkeitsdifferenz beträgt nach (9):

$$\Delta v = gt \approx g\frac{l}{c}.$$

Damit folgen aus (12) die Frequenz-Verschiebungen

$$\frac{\Delta\omega}{\omega_0} = \frac{\omega - \omega_0}{\omega_0} = \frac{\Delta v}{c} \approx \frac{gl}{c^2} \approx \frac{\Delta\omega}{\omega}. \tag{13}$$

Betrachtet man das System „Q plus O“ in einem inertialen Ruhsystem, jedoch bei Existenz einer Potential-Differenz

$$\Phi = \Delta\Phi = gl$$

zwischen Q und O, so folgt aus (4) eine Änderung der Lichtgeschwindigkeit zwischen Emission und Empfang, welche in linearer Näherung

$$\Delta v = v - c \approx g\frac{l}{c}$$

beträgt. Diese Änderung der Lichtgeschwindigkeit führt nach (12) wieder zu einer Frequenzverschiebung (13).

Diese Äquivalenz ist in der ballistischen Lichttheorie einfach eine Konsequenz der Gültigkeit des Äquivalenzprinzips für die Lichtteilchen selbst. NEWTON, LAPLACE (1799) und SOLDNER hatten bereits postuliert, daß auch bei den Lichtteilchen die trägen Massen μ gleich den schweren Massen sind (s. TREDER [10]). In RITZ' ballistischer Lichttheorie sind diese Lichtpartikeln dynamisch gewöhnliche Massenpunkte der klassischen Mechanik. Daher kann hier statt des Einfalls von gravisch beschleunigten Lichtteilchen in O auch der Sturz des Systems „Q plus O“ mit der linear anwachsenden Geschwindigkeit $v = c + gt$ auf die ruhenden Lichtteilchen betrachtet werden. Die Äquivalenz dieser beiden Betrachtungsweisen folgt für die ballistische Lichttheorie einfach aus EINSTEINS [4] Gedanken-Experiment über den „Physiker im Fahrstuhl-Kasten“, welches diese Äquivalenz für die GALILEIsche Fallbewegung zeigt.

Literatur

[1] DOPPLER, C.: Abhandlungen. (ed. H. A. Lorentz), Ostwalds Klassiker, Leipzig 1907.

[2] EINSTEIN, A.: Über den Einfluß der Schwerkraft auf die Ausbreitung des Lichtes. Ann. Phys. **35** (1911) 898.

[3] EINSTEIN, A., H. A. LORENTZ, H. MINKOWSKI u. H. WEYL: Das Relativitätsprinzip. 4. Aufl., Leipzig 1922.

[4] EINSTEIN, A.: Über spezielle und allgemeine Relativitätstheorie. 21. Aufl., Berlin, Braunschweig 1969.

[5] PAULI, W.: Die Relativitätstheorie. Leipzig 1921.

[6] RITZ, W.: Gesammelte Werke. Paris 1911.

[7] SCHRÖDINGER, E.: Vier Vorlesungen über Wellenmechanik. Berlin 1928.

[8] SOLDNER, J.: Ueber die Ablenkung eines Lichtstrals von seiner geradlinigen Bewegung, durch die Attraktion eines Weltkörpers, an welchem er nahe vorbeigeht. In: J. E. BODE, Astronomisches Jahrbuch für das Jahr 1804, Berlin 1801 (s. auch P. LENARD, Ann. Phys. **65** (1921) 593).

[9] TREDER, H.-J.: Die Schwere des Lichtes in der Newtonschen und in der Einsteinschen Gravitationstheorie. I u. II. Ann. Phys. **25** (1970) 315; **27** (1971) 174 (s. auch Naturwissenschaften **59** (1972) 311).
[10] TREDER, H.-J.: Gravitationskollaps und Lichtgeschwindigkeit im Gravitationsfeld. Ann. Phys. **31** (1974) 325.

Weitere Literatur

EDDINGTON, A. S.: Raum, Zeit und Schwere. Braunschweig 1923.
EDDINGTON, A. S.: Sterne und Atome. Berlin 1928.
EINSTEIN, A., und A. SOMMERFELD: Briefwechsel. Basel und Stuttgart 1968.
FREUNDLICH, E. F.: Die Grundlage der Einsteinschen Gravitationstheorie. 4. Aufl. Berlin 1920,
HOFFMANN, B., und H. DUKAS: Albert Einstein, Creator and Rebel. New York 1972.
MÜLLER, F. J.: Johann Georg v. Soldner, der Goedät. München 1914.
TREDER, H.-J.: Zur Geschichte der Physik an der Berliner Akademie 1870—1930. Einleitung zu „Physiker über Physiker", Berlin 1975.
WHITTAKER, E.: History of the Theories of Aether and Electricity. Vol. II, Edinburgh 1953.

Anschrift des Verfassers:

Akademiemitglied Prof. Dr. habil. Dr. e. h. Hans-Jürgen Treder

Zentralinstitut für Astrophysik der Akademie der Wissenschaften der DDR
Sternwarte Babelsberg
DDR - 1502 Potsdam-Babelsberg
Rosa-Luxemburg-Str. 17a

Anmerkungen

[1]) Zu den Kontroversen über FREUNDLICHS Spekulation über die Nachweisbarkeit der EINSTEIN-Verschiebung in den Spektren peculiarer Sterne und zu v. SEELIGERS Kritik an FREUNDLICH vgl. den Briefwechsel zwischen EINSTEIN und H. STRUVE (im Archiv der AdW) und zwischen EINSTEIN und SEELIGERS Münchener Kollegen A. SOMMERFELD (1968). — Das Archiv der AdW der DDR zu Berlin kann diese Affäre dokumentarisch vollständig belegen.

[2]) Dieser Einwand betrifft auch A. S. EDDINGTONS (1928) bekannte Herleitung der EINSTEIN-Verschiebung der Lichtfrequenz ν aus der Photonen-Theorie und dem relativistischen Energie-Satz gemäß

$$E = h\nu_0 = h\nu - \frac{h\nu\Phi}{c^2} = h(\nu - \Delta\nu), \; \Phi = \frac{fM}{r}.$$

—Hierbei ist $h\nu/c^2$ die entsprechend EINSTEINS Äquivalenz-Prinzipien (Proportionalität von Masse und Energie sowie von träger und schwerer Masse) bestimmte schwere Masse eines Photons der Frequenz ν.

[3]) Vgl. hierzu P. T. LANDSBERG und N. T. BISHOP „Equivalence Principle: 60 Years of a Misuse?" Nature **252** (1974), No. 5483, p. 459. — Ich danke Herrn Kollegen LANDSBERG dafür, daß er mich auf seine Problematik aufmerksam gemacht hat.

[4]) Während es in der Lichtquantentheorie EINSTEINS nur eine einzige Photonenart, die Quanten mit der Ruhmasse $\mu = 0$ gibt, gäbe es nach der klassischen Partikeltheorie des Lichtes ein (grundsätzlich kontinuierliches) Spektrum $\mu = \mu(\nu_0)$ der Teilchenmassen.

[5]) Hingegen ist in der speziellen Relativitätstheorie die Partikel-Energie durch EINSTEINS Energie-Masse-Äquivalenz

$$E = mc^2 = m_0c^2 \left(1 - \frac{v^2}{c^2}\right)^{-\frac{1}{2}}$$

eindeutig bestimmt; die „Nullpunktsenergie" ist hier die Ruhenergie $E_0 = m_0c^2$ des Teilchens, und die träge Masse m ist ein „Maß für seine Energie" (EINSTEIN [4]).

[6]) RITZ' Herleitung des DOPPLER-Effekts ist also von der wellentheoretischen Ableitung bei DOPPLER (1842) [1] grundsätzlich verschieden, denn DOPPLERS Wellentheorie geht ja von der Absolutheit der Lichtgeschwindigkeit im freien Äther aus. RITZ' Begründung ist auch verschieden von EINSTEINS speziell-relativistischer Ableitung des DOPPLER-Effekts, bei der die Vakuumlichtgeschwindigkeit c eine absolute Größe und eine Invariante gegenüber den LORENTZ-Transformationen ist [3]:

$$\nu t - \frac{x}{\lambda} = \nu\left(t - \frac{x}{c}\right) = \nu_0\left(t_0 - \frac{x_0}{c}\right) = \nu_0 t_0 - \frac{x_0}{\lambda_0},$$

$$\frac{\nu}{\sqrt{1 - \frac{u^2}{c^2}}}\left(1 - \frac{u}{c}\right)\left(t_0 - \frac{x_0}{c}\right) = \nu_0\left(t_0 - \frac{x_0}{c}\right),$$

$$\nu = \nu_0 \sqrt{\frac{1 + u/c}{1 - u/c}}, \quad c = \nu\lambda = \nu_0\lambda_0.$$

(Die astronomischen Beobachtungen von Doppelsternen sind nach W. DE SITTER (1913) mit RITZ' ballistischen Additionstheorem bekanntlich unvereinbar [5].)

Der DOPPLER-Effekt hängt aber gemäß RITZ [6], wie gemäß EINSTEIN, nur von der Relativgeschwindigkeit u des Beobachters zur Lichtquelle ab, und auch beim „quadratischen DOPPLER-Effekt" macht es hier — anders als in der klassischen Wellentheorie Dopplers [1] — keinen Unterschied, ob sich der Beobachter oder die Quelle bewegt.

Die ballistische Formel $\lambda = \lambda_0 \left(1 + \frac{u}{c}\right)^{-1}$ entspricht bei DOPPLER dem Fall des bewegten Beobachters. — Für den quadratischen DOPPLER-Effekt folgt in der ballistischen Theorie

$$\lambda \approx \lambda_0 \left(1 - \frac{u}{c} + \frac{u^2}{c^2}\right);$$

er ist doppelt so groß wie der relativistische Effekt [2] mit

$$\lambda = \lambda_0 \frac{1 - \frac{u}{c}}{\sqrt{1 - \frac{u^2}{c^2}}} \approx \lambda_0 \left(1 - \frac{u}{c} + \frac{1}{2}\frac{u^2}{c^2}\right).$$

DOKUMENTE ZUR GESCHICHTE DER STERNWARTE BERLIN-BABELSBERG AUS DEN JAHREN 1700—1945 IM ZENTRALEN ARCHIV DER AKADEMIE DER WISSENSCHAFTEN DER DDR

Ilse Baumgart

Das 275jährige Jubiläum der Akademie hat vielfach Anlaß gegeben, die Geschichte und Entwicklung ihres gleichaltrigen ersten Instituts, des damaligen Observatoriums, der späteren Sternwarte der Akademie, zu untersuchen. Diese Forschungen haben das

Abb. 1. Gottfried Kirch

Augenmerk auch auf jene Quellen gelenkt, die zur Geschichte der Sternwarte im Zentralen Archiv der Akademie der Wissenschaften vorhanden sind. Zur Gründungsgeschichte des Observatoriums, die aufs engste mit der Gründung der Sozietät, speziell mit ihrer Finanzierung durch das Kalendermonopol verbunden ist, hat H.-J. Felber nähere Ausführungen gemacht [1].

Im folgenden sollen zum besseren Verständnis der in den Beständen des Zentralen Archivs der Akademie der Wissenschaften der DDR sehr verstreut vorhandenen Quellen kurze Angaben über die bedeutendsten Astronomen der Sternwarte, ihrer räumlichen Unterbringung und ihrer Beziehung zur Akademie und zur Universität gemacht werden.

Der erste Astronom der Sozietät war GOTTFRIED KIRCH (1639–1710), einer der berühmtesten Astronomen seiner Zeit. Er war bereits am 18. Mai 1700 zum Astronomen nach Berlin berufen worden und wurde am Gründungstag der Sozietät am 11. Juli 1700 ihr Ordentliches Mitglied. Das Observatorium befand sich im 3. Geschoß des Hauses der Sozietät in der Dorotheenstraße (jetzt Clara-Zetkin-Straße), das jedoch erst am 19. Januar 1711 seiner Bestimmung übergeben werden konnte.

Abb. 2. CHRISTFRIED KIRCH

G. KIRCH führte seine Beobachtungen für die Akademie auf der Privatsternwarte des Freiherrn VON KROSIGK durch.

Nach seinem Tode wurde sein Mitarbeiter J. H. HOFFMANN (1669–1716) Astronom der Akademie. Im Jahre 1716 übernahm CHRISTFRIED KIRCH (1694–1740), der Sohn G. KIRCHS, dessen Amt. Ihm folgten in der Leitung des Observatoriums von 1740–1745 J. W. WAGNER (1681–1745) und von 1745–1754 J. A. KIES, der auf Empfehlung L. EULERS (1707–1783) bereits im Jahre 1742 als Astronom an die Akademie berufen worden war. In diese Zeit fallen die Aktivitäten L. EULERS, der als Direktor der mathematischen Klasse auch für das Observatorium verantwortlich war, das Ansehen und die Aufgaben des Observatoriums auf ein höheres Niveau zu heben [2]. In der Folgezeit wechselten die Astronomen und Observatoren sehr häufig, so daß es zu einer kontinuierlichen, den Vorstellungen EULERS entsprechenden Arbeit im Observatorium nicht kommen konnte. Erst mit der Übernahme der Leitung durch JOHANN BERNOULLI III

(1744—1807) im Jahre 1764, dem seit 1772 JOHANN ELERT BODE (1747—1826) als zweiter Astronom zur Seite gegeben wurde, veränderte sich diese Situation. J. E. BODE, dessen Aufgabe in der jährlichen Herausgabe des Astronomischen Jahrbuchs (1774 erstmalig erschienen) bestand, wurde 1787 Direktor des Observatoriums.

Ihm folgten von 1825—1863 JOHANN FRANZ ENCKE (1791—1865), von 1865—1903 WILHELM FOERSTER (1832—1921), von 1904—1920 KARL HERMANN STRUVE (1854 bis 1920) und von 1921—1946 PAUL GUTHNICK (1879—1947).

Abb. 3. JOHANN ELERT BODE

Das Observatorium blieb bis zum Jahre 1835 in der Dorotheenstraße. In den Jahren 1800—1801 wurde es unter der Leitung BODEs umgebaut und den erhöhten Anforderungen an astronomische Beobachtungen angepaßt [3]. Bald machte sich jedoch der Bau eines neuen Instituts erforderlich, das 1835 in der Nähe des Halleschen Tores (später Enckeplatz) bezogen werden konnte. Für den Bau dieser Sternwarte hatte sich A. v. HUMBOLDT energisch eingesetzt und damit der astronomischen Forschung weitreichende Unterstützung gegeben. Unter den Direktoren ENCKE und FOERSTER wurden bei einer stetig steigenden Mitarbeiterzahl und einem zunehmenden Etat auf dieser Sternwarte wichtige astronomische Forschungen betrieben.

Die Ende des 19. Jahrhunderts beschleunigte Industrialisierung Berlins erschwerte die Arbeiten der Sternwarte so beträchtlich, daß eine Verlagerung unumgänglich wurde [4].

Bevor auf die quellenmäßige Überlieferung der verschiedenen Perioden der Sternwarte näher eingegangen wird, soll noch einiges über die Beziehung Observatorium bzw. Sternwarte zur Akademie gesagt werden.

Bis zum Jahre 1812 gehörte das Observatorium eindeutig zur Akademie, die durch das Kalendermonopol bis zum Jahre 1811 finanziert wurde. Im Ergebnis der Reorganisation der Akademie im Jahre 1812 und der Gründung der Universität im Jahre 1810 erhielt die Sternwarte einen neuen Status als wissenschaftliche Einrichtung, die dem Ministerium für geistliche, Unterrichts- und Medizinalangelegenheiten direkt unterstellt wurde. Die in der Literatur häufig erwähnte Übernahme der Sternwarte durch die Universität läßt sich für diese frühe Zeit nicht nachweisen. In den Statuten der Universität vom 31. Oktober 1816 wird im Abschnitt VII, § 1 und 2 ausgeführt, daß alle

Abb. 4. JOHANN FRANZ ENCKE

„öffentlichen, und alle mit den Akademien der Wissenschaften und Künste verbundenen wissenschaftlichen Institute und Sammlungen", u. a. die Sternwarte, zugleich der Universität zur Verfügung stehen [5]. Eine Aufstellung der jährlichen Unterhaltskosten der mit der Universität verbundenen oder zu ihrer Benutzung stehenden Institute und Sammlungen weist auch die Sternwarte aus. In einer Anmerkung dazu wird jedoch erklärt, daß die Sternwarte neben einigen anderen Instituten ein selbständiges Institut ist, „welche unmittelbar unter der Direktion des Königl. Ministerii der geistlichen, Unterrichts- und Medizinal-Angelegenheiten stehen" [6].

In den Akten der Akademie ist anläßlich der Neubesetzung der Astronomenstelle nach dem Rücktritt BODEs ein Schreiben des o. g. Ministeriums vorhanden, das eindeutig die Verantwortung der Akademie für die Sternwarte betont [7].

Aus dem Jahre 1825 existiert ein Gutachten der mathematischen Klasse der Akademie über die Nutzung der Sternwarte durch die Universität [8].

Die Akten der Sternwarte belegen, daß bis zum Jahre 1889 das Ministerium für geistliche, Unterrichts- und Medizinalangelegenheiten die vorgeordnete Behörde war. Ab 1889 beginnt die Angliederung der Sternwarte an die Universität. Eine genaue Zäsur läßt sich nicht feststellen, lediglich eine im Jahre 1889 beginnende Finanzierung der Sternwarte durch das Universitätskuratorium ist nachweisbar. M. LENZ schreibt in der

Abb. 5. WILHELM FOERSTER

Geschichte der Universität Berlin [9], daß mit der Übernahme der Leitung der Sternwarte durch W. FOERSTER die Angliederung an die Universität erfolgte. Ein Grund mag darin zu suchen sein, daß W. FOERSTER der erste Direktor der Sternwarte war, ohne gleichzeitig Mitglied der Akademie zu sein, die bis zu diesem Zeitpunkt ihr wissenschaftlicher Schirmherr war.

Die quellenmäßige Überlieferung aus der ersten Periode der Sternwarte, d. h. von ihrer Gründung bis zur Reorganisation der Akademie im Jahre 1812 schlägt sich im Akademie-Archiv in den Nachlässen KIRCH, LAMBERT, J. E. BODE sowie im Aktenbestand I der Historischen Abteilung (1700—1812) nieder.

Im folgenden soll kurz auf eine Eigentümlichkeit von Nachlässen aus früherer Zeit eingegangen werden. Der Gelehrte bzw. Forscher des 18. und 19. Jahrhunderts hatte selten ein eng umrissenes Arbeitsgebiet, das auf seine Stellung bei der jeweiligen wissenschaftlichen Einrichtung fixiert war. Es gab zwar allgemein gehaltene Reglements, die die übertragenen Aufgaben beschrieben, dem einzelnen Forscher jedoch vielfältige Möglichkeiten zur eigenen, selbst initiierten Betätigung ließen.

Eine Trennung zwischen Schriftgut, das im Ergebnis des Auftrags der wissenschaftlichen Einrichtung entstanden ist und solchen Unterlagen, die die Arbeit an eigenen

Aufgaben dokumentieren, läßt sich für diese Zeit also selten durchführen. Aus diesem Grunde kommen den Nachlässen besondere Bedeutung zu. So dokumentiert sich die Geschichte der Sternwarte und damit der Akademie nicht nur in den Akten der Akademie, sondern gleichermaßen in den Nachlässen ihrer Astronomen.

Abb. 6. Karl Hermann Struve

Bei dem Nachlaß Kirch handelt es sich um einen Familien-Nachlaß, der außer den Nachlässen der angestellten Astronomen Gottfried Kirch und Christfried Kirch auch Beobachtungen von Maria Margaretha Kirch (1670—1720), der Frau Gottfried Kirchs, und dessen Töchter Christine Kirch (1696—1782) und Margaretha Kirch enthält.

Ausführliche Darlegungen über den Kirch-Nachlaß hat D. Wattenberg in seinen Ausführungen zur Geschichte der Astronomie in Berlin im 16.—18. Jahrhundert gemacht, auf die hier verwiesen wird [10].

Johann Heinrich Lambert (1728—1777), der im Jahre 1765 Ordentliches Mitglied der Akademie wurde, hatte, obwohl nicht offizieller Astronom der Akademie, große Verdienste auf dem Gebiet der Astronomie. Er gab seit 1772 Ephemeriden heraus, deren Fortsetzung später J. E. Bode übernahm. Im Nachlaß Lamberts befinden sich Manuskripte für die Herausgabe von astronomischen Tafeln, Aufsätze zu verschiedenen astronomischen Problemen, die z. T. von Johann Bernoulli III verfaßt sind, Beobachtungen und Rechnungen, insgesamt 6 Mappen; beginnend etwa 1760 bis zu seinem Tode 1777.

Der Nachlaß J. E. Bodes [11] besteht aus 39 Bänden, 41 Heften und 20 Mappen. Einen großen Umfang nehmen darin die Beobachtungstagebücher von 1775—1824 (38 Bände, 1 Mappe), die Bode für die Akademie angelegt hat und die gleichzeitig die Berichte über die Tätigkeit der Berliner Sternwarte an die Akademie enthalten, ein. Ebenfalls umfangreich (26 Hefte, 5 Mappen) sind seine Arbeiten zum Astronomischen Jahrbuch von 1776 bis 1826.

Die aktenmäßige Überlieferung in der Registratur der Akademie ist sehr verstreut. Die Akten über das Observatorium (8 Akteneinheiten — im folgenden AE abgekürzt) beginnen 1713 und reichen bis 1809. Sie geben Aufschluß über die Anstellung der Astronomen, über das Instrumentarium, Anschaffung von Instrumenten ebenso wie Inventare der in den verschiedenen Jahren vorhandenen Instrumente, die Anschaffung und Inventare von Büchern sowie Rechnungen. Daneben befinden sich umfangreiche Vorgänge über den Bau des Observatoriums in den Bauakten der Sozietät (1 AE 1700—1744, 1 AE über den Umbau 1800/1801) und über die Ernennung und die Besoldung der Astronomen in den Personalakten (11 AE).

Nach der Übernahme des Direktorats der Sternwarte durch J. F. Encke im Jahre 1825 veränderten sich Art und Umfang der quellenmäßigen Überlieferung. Jetzt erst macht sich verwaltungsmäßig die neue Stellung als selbständiges Institut insofern bemerkbar, als es zur Bildung einer eigenen Registratur kommt. Daneben sind uns auch für die Folgezeit bedeutende Nachlässe überliefert. In der Historischen Abteilung des Akademie-Archivs (Aktenbestand II, 1812—1945) ist eine Akte aus der Zeit von 1816 bis 1869 vorhanden, die einiges über die Verbindung der Sternwarte zur Akademie aussagt. Die Registratur der Sternwarte, auf die später näher eingegangen wird, steht in besonders enger Verbindung mit dem Nachlaß von J. F. Encke.

Encke hat den Sternwartenakten keine wissenschaftliche Korrespondenz beigefügt. Sein umfangreicher wissenschaftlicher Briefwechsel aus den Jahren 1812—1859, der sich in ca. 1580 an ihn gerichteten Briefen niederschlägt, sowie die sogenannte „Allgemeine Korrespondenz (1829—1859), die u. a. Angelegenheiten der Sternwarte und ihrer Instrumente ebenso wie Angelegenheiten des Astronomischen Jahrbuchs betreffen, befinden sich in seinem Nachlaß. Dokumente seiner eigenen wissenschaftlichen Tätigkeit (u. a. Kometenbeobachtungen, Längenbestimmungen, Manuskripte von wissenschaftlichen und populärwissenschaftlichen Arbeiten) liegen ebenfalls im Nachlaß vor (insgesamt 5 Bände, 17 Hefte, 71 Mappen). Die Registratur der Sternwarte hingegen enthält u. a. die Korrespondenz mit dem Ministerium, Etatangelegenheiten, Bausachen, Expeditionen.

Nach der Übernahme der Sternwarte durch W. Foerster im Jahre 1865, der seit 1854 bereits dort Assistent war, erfuhr die Sternwarte sowohl eine personelle als auch eine Erweiterung ihrer Aufgaben. Hingewiesen werden soll hier auf die vielseitige wissenschaftsorganisatorische Tätigkeit Foersters [12], die sich selbstverständlich auch auf den Umfang der Aktenüberlieferung ausgewirkt hat. In dieser Zeit ist eine deutliche Zunahme des Umfangs der Registratur festzustellen, dafür ist der Nachlaß von Foerster weniger umfangreich als die seiner Vorgänger. Der Nachlaß besteht aus ca. 180 Briefen sowie Manuskripten und Arbeitsmaterialien (insgesamt 4 Bände, 3 Hefte, 79 Mappen), u. a. auch über die von der Akademie finanzierten und organisierten Expeditionen zur Beobachtung der Venus-Durchgänge. Nachlässe der Direktoren K. H. Struve und P. Guthnick sind im Akademie-Archiv nicht vorhanden. Von beiden existieren je 1 Mappe persönliche Unterlagen, die wegen ihres geringen Umfanges den Akten der Sternwarte zugeordnet werden. Aus der Kenntnis der sehr umfangreichen aktenmäßigen Überlieferung aus der Zeit des Direktorats von P. Guthnick kann mit großer Wahrscheinlichkeit angenommen werden, daß ein wesentlicher Nachlaß nicht vorhanden sein kann.

Nachlässe von Observatoren der Sternwarte sind im Akademie-Archiv überliefert von Felix Bottlinger (1888—1934), Eugen Goldstein (1850—1930) und Victor Knorre (1840—1919). Der Nachlaß von F. Bottlinger, seit 1919 an der Sternwarte tätig, beinhaltet Manuskripte und Arbeitsunterlagen zur Astrophysik, Astrometrie und Geophysik und 3 Briefe (insgesamt 14 Bände, 1 Heft, 4 Mappen).

Der Physiker E. Goldstein [13] war Leiter des physikalischen Laboratoriums. Der noch nicht bearbeitete Nachlaß umfaßt 9 Pakete, vorwiegend seine Labortagebücher und Manuskripte. Im Nachlaß Victor Knorre, der ebenfalls noch nicht bearbeitet ist (2 Pakete), Observator seit 1873, befinden sich Manuskripte, Beobachtungs- und Arbeitsmaterial.

Arthur Auwers (1838—1915), Astronom und Mitglied der Akademie seit 1866, war bei der Sternwarte nicht angestellt, hat jedoch an dort durchgeführten Beobachtungsreihen mitgearbeitet und wesentlichen Anteil an der Herausgabe des Astronomischen Jahrbuchs gehabt. Als Astronom der Akademie hatte er außerdem mittelbar Einfluß auf die Arbeiten der Sternwarte. Sein Nachlaß besteht aus 5 Manuskripten, Arbeitsmaterialien (insgesamt 6 Bände, 1 Heft, 1 Mappe) und 22 Briefen.

In den 90er Jahren des 19. Jahrhunderts ist die Akademie durch verschiedene Schenkungen in den Besitz eines umfangreichen Nachlasses des Astronomen Friedrich Wilhelm Bessel gelangt. F. W. Bessel war 1812 zum Auswärtigen Mitglied der Akademie gewählt worden, der Sternwarte hat er nicht angehört. Der Nachlaß wird jedoch hier genannt, da sich darin 85 Briefe von J. E. Bode an Bessel und der Briefwechsel Bessel — Encke (180 Briefe von Encke an Bessel, 172 Briefe von Bessel an Encke) befinden.

In der Historischen Abteilung des Akademie-Archivs sind in den Akten der Wissenschaftlichen Unternehmungen der physikalisch-mathematischen Klasse einige Vorgänge über finanzielle Zuwendungen an Mitarbeiter der Sternwarte, die der Vollständigkeit halber erwähnt werden. Es handelt sich um Unterstützungen verschiedener astronomischer und physikalischer Forschungen von J. F. Encke, O. Jesse, E. Goldstein, O. Struve, C. Hoffmeister, Finlay-Freundlich und P. Guthnick aus der Zeit von ca. 1850—1925.

Die im Akademie-Archiv bewahrten Archivalien der Sternwarte aus den Jahren von 1825 bis 1946 gliedern sich in 2 große Gruppen, in den eigentlichen Aktenbestand und das Arbeitsmaterial. Die aktenmäßige Überlieferung hat einen Umfang von 277 Akteneinheiten (AE).

Der Bestand gliedert sich folgendermaßen:

1.	Korrespondenz mit vorgesetzten Behörden	39 AE	1825—1946
2.	Etatangelegenheiten	20 AE	1835—1941
3.	Personalia ab 1850, vorher in Nr. 1	28 AE	1850—1946
4.	Bausachen (Bau der Sternwarte am Enckeplatz in Berlin, in Babelsberg und Bauaufsicht)	33 AE	1828—1933
5.	Instrumentensachen ab 1878, vorher unter 1	28 AE	1878—1942
6.	Sternwarte Sonneberg	6 AE	1929—1946
7.	Urania-Gesellschaft und Urania-Sternwarte	6 AE	1891—1943
8.	Korrespondenz mit Sternwarten und wissenschaftlichen Institutionen	8 AE	1912—1945
9.	Kalendersachen, Telegraphensachen, Zeitdienst	26 AE	1855—1932

10. Unternehmungen Astronomie und verwandter Fachgebiete (z. B. Chronometerexpedition 1833, Sonnenfinsternisexpeditionen, internationale Erdmessung)	12 AE	1833—1934
11. Veröffentlichungen und Bibliothek (z. B. Astronomisches Jahrbuch, Astronomische Nachrichten)	12 AE	1843—1944
12. Handakten	4 AE	1875—1931
13. Allgemeine Angelegenheiten und dazu gehörende Journale mit Angaben der Betreffe, Verschiedenes	36 AE	1863—1946
14. Astronomische Vereinigungen (IAU, AG, AdA)	19 AE	1921—1944

Das Arbeitsmaterial ist sehr umfangreich (insgesamt 510 Bücher bzw. Mappen) und dokumentiert die Arbeit der Astronomen aus der Zeit von 1837—1948.

Die Beobachtungs- und Forschungsergebnisse, die im Arbeitsmaterial ihren Niederschlag gefunden haben, sind in ihrer Mehrzahl in den folgenden Periodica der Sternwarte veröffentlicht.

1. Astronomische Beobachtungen auf der Königlichen Sternwarte zu Berlin, 1840—1884.
2. Astronomische Beobachtungen der Königlichen Sternwarte zu Berlin, zweite Serie 1892—1904
3. Beobachtungsergebnisse der Königlichen Sternwarte zu Berlin, 1881—1913
4. Veröffentlichungen der Königlichen (ab 1919 Universitäts-)Sternwarte 1915—1966
5. Kleinere Veröffentlichungen der Universitätssternwarte zu Berlin-Babelsberg 1927—1949

Aus der großen Zahl der Astronomen, deren Arbeitsmaterial uns überliefert ist und die sich nur z. T. ermitteln ließen, seien genannt: K. F. Battermann, F. Becker, W. Becker, A. Beer, E. Bernewitz, H. v. Boguslawsky, K. F. Bottlinger, L. Courvoisier, W. Foerster, P. Guthnick, G. Struve, K. H. Struve, E. Hartwig, O. Jesse, V. Knorre, F. Küstner, A. Marcuse, G. Müller, R. Prager, M. Richter, G. Steinbrinck und M. Zwink.

Abschließend soll kurz auf diejenigen Quellen zur Geschichte der Sternwarte hingewiesen werden, die sich in Beständen anderer Archive befinden. Aus der Zeit der direkten Unterstellung der Sternwarte unter das Ministerium für geistliche, Unterrichts- und Medizinalangelegenheiten von 1812 bis etwa 1890 ist der Bestand dieses Ministeriums im Zentralen Staatsarchiv der DDR, Historische Abteilung Merseburg, heranzuziehen, während für die Zeit nach 1890 bis 1945 Archivalien im Universitätsarchiv der Humboldt-Universität vorhanden sind.

Literatur

[1] s. in Heft 6 (Sternzeiten, Band I) H.-J. Felber, M. Faak: Leibniz und die Gründung der Berliner Sternwarte.

[2] s. in Heft 6 (Sternzeiten, Band I) C. Kirsten: Leonhard Eulers Programm für die Berliner Sternwarte.

[3] s. F. Wünschmann: Die alte Berliner Sternwarte um 1800 unter Johann Elert Bode, in: Monatsberichte der Deutschen Akademie der Wissenschaften zu Berlin, Bd. 2, H. 3—4, Berlin 1960.

[4] s. in diesem Heft K. Fritze: Karl Hermann Struve und die Verlegung der Berliner Sternwarte nach Babelsberg.

[5] Koch, Johann Friedrich Wilhelm: Die Preußischen Universitäten, Bd. 1, Berlin, Posen und Bromberg 1839, S. 58.

[6] Koch, a. a. O. S. 40.
[7] AAW II-XIIIa, Bd. 1, Bl. 19 f.
[8] AAW II-XIIIa, Bd. 1, Bl. 42.
[9] Lenz, Max: Geschichte der Königlichen Friedrich-Wilhelms-Universität zu Berlin, 3. Bd., Halle 1910, S. 440 ff.
[10] Wattenberg, D.: Zur Geschichte der Astronomie in Berlin im 16.—18. Jahrhundert. Mitteilungen der Archenhold-Sternwarte Berlin-Treptow, Nr. 107, Berlin 1973.
[11] Genauere Inhaltsangaben der Nachlässe von J. E. Bode, J. F. Encke, W. Foerster, A. Auwers, V. Knorre und F. Bottlinger enthält der Beitrag von H. Battré und D. B. Herrmann: Astronomennachlässe und -teilnachlässe im Archiv der Deutschen Akademie der Wissenschaften zu Berlin, in: Monatsberichte der Deutschen Akademie der Wissenschaften zu Berlin, Bd. 12, H. 6—7. Berlin 1970.
[12] s. in diesem Heft H. Oleak: Wilhelm Foersters Verdienste um die Wissenschaftsorganisation. D. B. Herrmann: Wilhelm Foerster und die Gründung des Astrophysikalischen Observatoriums Potsdam.
[13] s. in diesem Heft O. Singer: Eugen Goldstein und die Physik an der Berliner Sternwarte.

Anschrift des Verfassers:

Dipl.-Hist. Ilse Baumgart

Zentrales Archiv der Akademie der Wissenschaften der DDR
DDR - 108 Berlin
Otto-Nuschke-Str. 22/23

FSC
www.fsc.org
MIX
Papier | Fördert
gute Waldnutzung
FSC® C083411

Zeitfracht Medien GmbH
Ferdinand-Jühlke-Straße 7
99095 Erfurt, Deutschland
produktsicherheit@kolibri360.de